Die Sammlung

„Aus Natur und Geisteswelt"

nunmehr über 800 **Bände** umfassend, bietet wirkliche „Einführungen" in abgeschlossene Wissensgebiete für den Unterricht oder Selbstunterricht des Laien nach den heutigen methodischen Anforderungen und erfüllen so ein Bedürfnis, dem weder umfangreiche Enzyklopädien, noch skizzenhafte Abrisse entsprechen können. Die Bände wollen jedem geistig Mündigen die Möglichkeit schaffen, sich ohne besondere Vorkenntnisse an sicherster Quelle, wie sie die Darstellung durch berufene Vertreter der Wissenschaft bietet, über jedes Gebiet der Wissenschaft, Kunst und Technik zu unterrichten. Sie wollen ihn dabei zugleich unmittelbar im Beruf fördern, den Gesichtskreis erweiternd, die Einsicht in die Bedingungen der Berufsarbeit vertiefend.

Die Sammlung bietet aber auch dem Fachmann eine rasche zuverlässige Übersicht über die sich heute von Tag zu Tag weitenden Gebiete des geistigen Lebens in weitestem Umfang und vermag so vor allem auch dem immer stärker werdenden Bedürfnis des Forschers zu dienen, sich auf den Nachbargebieten auf dem laufenden zu erhalten. In den Dienst dieser Aufgaben haben sich darum auch in dankenswerter Weise von Anfang an die besten Namen gestellt, gern die Gelegenheit benutzend, sich an weiteste Kreise zu wenden.

So konnte der Sammlung auch der Erfolg nicht fehlen. Mehr als die Hälfte der Bände liegen bereits in 2. bis 8. Auflage vor; insgesamt hat die Sammlung bis jetzt eine Verbreitung von fast 5 Millionen Exemplaren gefunden.

Alles in allem sind die schmucken, gehaltvollen Bände besonders geeignet, die Freude am Buche zu wecken und daran zu gewöhnen, einen Betrag, den man für Erfüllung körperlicher Bedürfnisse nicht anzusehen pflegt, auch für die Befriedigung geistiger anzuwenden.

Jeder der meist reich illustrierten Bände
ist in sich abgeschlossen und einzeln käuflich

Leipzig, im August 1925.

Springer-Verlag Berlin Heidelberg GmbH

Ein vollständiges nach Wissenschaftsgebieten geordnetes Verzeichnis versendet auf Wunsch der Verlag, Leipzig, Poststraße 3/5

Aus Natur und Geisteswelt
Sammlung wissenschaftlich-gemeinverständlicher Darstellungen

40. Band

Die Grundbegriffe der modernen Naturlehre

Von

Prof. Dr. Felix Auerbach

Fünfte Auflage

Springer Fachmedien Wiesbaden GmbH 1926

ISBN 978-3-663-15532-4 ISBN 978-3-663-16104-2 (eBook)
DOI 10.1007/978-3-663-16104-2
Softcover reprint of the hardcover 5th edition 1926

Vorwort zur fünften Auflage.

Nach längerer Pause kann nunmehr die 5. Auflage dieses Büchleins vorgelegt werden. Um Raum zu gewinnen für die Berücksichtigung der Begriffe und Anschauungen, die die neueste Zeit gebracht bzw. geklärt hat, ist Einzelnes kürzer gefaßt worden, im ganzen aber ist doch der Charakter des Buches unverändert geblieben. So wird hoffentlich auch der neuen Auflage der gleiche Erfolg beschieden sein, wie den bisherigen. Der Leser, der weiteren Aufschluß wünscht, sei u. a. auch auf meine beiden Schriften „Die Weltherrin und ihr Schatten" und „Ektropismus" (beide bei Gustav Fischer in Jena), sowie auf das größere Werk „Entwicklungsgeschichte der modernen Physik" (bei Julius Springer in Berlin) hingewiesen.

Jena, August 1925. **Der Verfasser.**

Inhaltsverzeichnis.

Einleitung.

Zwei Freunde stehen vor einem eben fertig gewordenen Wohngebäude. Zwei Menschen von gleicher Erziehung und gleicher Sinnesart. Aber wie verschieden verhalten sie sich dem Werke gegenüber, vor das sie traten! Der eine bewundert die reiche Gliederung, den großen Ostgiebel, den zierlichen Westgiebel, das leuchtend rote Dach, die geschmackvolle Sandsteinverzierung; er ist entzückt von den bunten Glasfenstern und ist gespannt auf die malerische Wirkung des Innern. Ganz anders der Freund, der eigentliche Urheber der Besichtigung. Er ist von all den genannten Schönheiten vielleicht nicht minder entzückt, aber ungeduldig erwartet er die Ankunft des Architekten, der ihm das Haus von unten bis oben zeigen soll, und sein Augenmerk richtet sich in erster Linie auf die Fragen: Ist das Gebäude gut unterkellert? Ist das Material von der solidesten Beschaffenheit? Ist der Bau massiv bis hinauf? Welche Stärke haben die Außen- und Innenwände? Die Lösung des Rätsels, warum die beiden Männer sich so verschieden verhalten, ist höchst einfach: der eine ist gekommen, um wieder einmal ein modernes Bauwerk zu sehen, sich an seinen Schönheiten zu erfreuen und sich dann wieder zu entfernen; der andere will das Haus kaufen, um es zu besitzen.

Ganz ähnlich verhält es sich mit dem stolzen und schönen Gebäude der modernen Naturwissenschaft. Viele begnügen sich damit, sich seine Schönheiten vorführen zu lassen, sie gehen in eine Vorlesung mit glänzenden Experimenten über die Wunder des Lichts oder der Elektrizität und retten sich über ihre inneren Zweifel, ob sie das Gesehene auch verstanden haben, mit dem Gedanken hinweg, daß das überhaupt nichts für sie sei. Wer aber, sei es auch nur in dem Maße, dessen der Laie fähig ist, das Gesehene besitzen will, wird nicht umhin können, die Grundlagen kennen und verstehen zu lernen, auf denen das ganze Gebäude errichtet ist; er wird das System der Grundbegriffe, welche die moderne Naturlehre beherrschen, zu begreifen suchen, eine geistige Anstrengung, die ihn von weitem weniger verlocken, aber in ihrem Erfolge um so mehr beglücken wird; und das Ergebnis wird nicht nur an sich das der größeren Befriedigung sein, es wird ihn auch dahin führen, die früher angestaunten Experimente erst recht zu würdigen.

Wir wollen in den folgenden Blättern Schritt für Schritt versuchen, uns über die Fundamente der modernen Naturwissenschaft Klarheit zu verschaffen. Wir werden dabei vieles aus der Alltäglichkeit wiederfinden, aber in schärferer und reinerer Form; wir werden auch Neues und Ungewohntes kennen lernen, aber es wird sich aus dem Bekannten so einfach ergeben, daß wir nur selten unserer Willkür Spielraum werden gewähren können und beim Setzen des Schlußsteins im großen Ganzen das Gefühl der Befriedigung haben werden; und mehr wird auf dem Gebiete der Erkenntnis, die immer neue Rätsel aufgibt, kein Vernünftiger verlangen.

Die drei Grundbegriffe. Es leuchtet ein, daß wir, wenn unsere Untersuchung nicht auf das Niveau reiner Spekulation herabsinken soll, von etwas Realem ausgehen müssen, also von unseren Sinneswahrnehmungen, unseren Empfindungen und unseren Vorstellungen. Solcher Vorstellungen haben wir eine fast unendliche Fülle; und wenn wir die unter ihnen fundamentalen finden wollen, müssen wir offenbar alles abziehen, was sich abziehen läßt. Da zeigt sich nun, daß es zwei Vorstellungen gibt, von denen wir durchaus nicht absehen können: die Vorstellungen von Raum und Zeit. Die Zeit ist das nicht wegdenkbare Fundament dessen, was wir unsere Innenwelt nennen können, der Raum ist ebenso das Fundament unserer Außenwelt. Und beide sind schließlich nicht voneinander zu trennen; denn selbst wenn ich die Augen schließe und mich ganz meiner Innenwelt überlasse, werde ich doch mein Körpergefühl nie ganz los, und mein Körper gehört, wie mich z. B. der Tastsinn belehrt, bereits zu meiner Außenwelt. Und von der ganzen Außenwelt würde ich kein Bild bekommen, wenn ich nicht schon im Besitze meiner Innenwelt wäre. Es ist unmöglich, die Innenwelt oder, wie wir auch sagen können, die geistige Welt, auf der materiellen Welt aufzubauen (wie es die Materialisten versuchen); aber das umgekehrte (das die Idealisten wollen) ist ebenso unmöglich. Es hilft nichts, wir müssen zweierlei Primäres nebeneinander annehmen; und wenn wir diesen Dualismus einem Monismus zustreben lassen wollen, so kann das eben immer nur ein Endziel sein, das niemals erreicht werden kann. Inzwischen genügt es vollständig, wenn wir die Brücken konstatieren, die von der einen zur anderen Welt hinüberführen, und die damit die beiden Welten zu einem Ganzen verbinden. So sind auch die beiden Grundvorstellungen, Raum und Zeit, nicht zwei getrennte und selbständige Ideen; im Gegenteil: es gibt keinen Raum ohne Zeit und keine Zeit ohne Raum, es gibt nur Zeit im Raume und Raum in der Zeit.

Aber mit den Vorstellungen von Raum und Zeit ist, wenigstens tatsächlich, unser Bedürfnis nach Fundierung nicht voll befriedigt. Diese Grundlage erscheint uns zu leer, zu formal; wir haben Verlangen nach etwas Realerem. Es ist allerdings richtig: alles, was wir wahrnehmen, ist räumlich, ist Mannigfaltigkeit von Form und Farbe, wenigstens solange wir uns einmal auf die Wahrnehmung mit dem Auge, diesem vorzüglichsten unserer Sinnesorgane, beschränken. Aber diese Formen und Farben ändern sich mit der Zeit, bald schnell, bald nur ganz allmählich; das Bild, das uns die Außenwelt darbietet, nimmt fortwährend andere Züge an. Und doch gibt es eine Menge Gruppen oder, wie wir sie nennen wollen, eine Menge Konfigurationen, die sich anscheinend gar nicht oder doch nur sehr langsam verändern; so langsam, daß wir sie immer wiedererkennen, auch wenn wir sie eine Zeitlang gar nicht gesehen haben. Solche *Dauerkonfigurationen* nennen wir *Gegenstände*, und das, was ihnen allen gemeinsam sein soll, nennen wir Stoff oder *Materie*. Materie ist also eigentlich nichts anderes wie Dauerkonfiguration sinnlicher Eindrücke; aber, weil sie durch ihren Dauercharakter so wichtig wird für unser ganzes Bild von der Außenwelt, sind wir geneigt, ihr eine fundamentale Rolle zuzuschreiben. Und so sehen wir, neben Raum und Zeit, die Materie als dritten Grundbegriff an. Es ist aber zu beachten, daß der Begriff der Materie nur abstrahiert ist aus dem ursprünglicheren des Körpers, des Gegenstandes. Was ich sehe, sind immer Gegenstände, hier ein runder, dort ein eckiger, hier ein roter, dort ein grüner. Was ich fühle, sind immer Gegenstände; und hier besagt ja schon das Wort, daß auch die Idee des Gegenstandes ihrerseits wieder nur eine Abstraktion meiner Empfindung ist, nämlich der Empfindung, daß sich meinem Tastsinn etwas entgegenstellt.

Man sieht: so ursprünglich wie die Vorstellungen von Raum und Zeit ist die Materie durchaus nicht; und in der Tat werden wir sehen, daß man sie in ihrer Rolle als Grundvorstellung sehr wohl durch eine andere ersetzen kann. Einstweilen bleiben wir dabei stehen, daß wir in den Ideen von Raum, Zeit und Stoff das System der Grundbegriffe haben, auf denen wir alles übrige aufbauen können. Wir wollen uns der Reihe nach mit ihnen beschäftigen und dabei mit dem Raume beginnen.

I. Der Raum.

Der Raum ist also das Fundament unserer Außenwelt oder, wie Kant sagt, die Form unserer äußeren Anschauung. Er hat, wie jedermann weiß, eine **dreifache** Mannigfaltigkeit: von einem bestimmten Standpunkte aus kann man links und rechts, vorn und hinten, oben und unten unterscheiden. Man nennt dies die drei **Dimensionen** des Raumes. Will man daher einen bestimmten Ort im Raume bezeichnen, so muß man angeben, wie weit nach rechts (x), wie weit nach vorn (y) und wie weit nach oben (z) er liegt; alles z. B. gerechnet vom Ort des beobachtenden Auges. Diese drei Abmessungen nennt man die **Koordinaten** des Punktes. Um sie wirklich angeben zu können, muß man sie auf einen festen **Anfangspunkt** (im obigen Beispiel das Auge) und auf drei durch diesen Anfangspunkt gezogene, zueinander senkrechte Linien, die **Koordinatenachsen** (XYZ), beziehen. Ein solches Koordinatensystem, in Fig. 1 perspektivisch dargestellt, heißt ein **rechtwinkliges**. Außerdem gibt es noch zahlreiche andere, von denen sich das eine unter gewissen Umständen, das andere in anderen Fällen besonders eignet, um Orte zu bestimmen. Auf der Erdoberfläche wählt man z. B. gewöhnlich nicht die drei rechtwinkligen Koordinaten, sondern drei andere: man gibt an, unter welcher geographischen Breite, unter welcher geographischen Länge und in welcher Höhe über dem Meeresspiegel ein Ort liegt. Immer aber sind, um einen Ort im Raume vollständig zu charakterisieren, drei Angaben erforderlich.

Innerhalb des dreidimensionalen Raumes gibt es nun aber nicht bloß dreidimensionale Gebilde, **Körper** (Raumkörper, nicht zu verwechseln mit wirklichen, von Materie erfüllten Körpern) genannt, sondern auch Gebilde von geringerer Mannigfaltigkeit, nämlich **Flächen**, die nur zwei, **Linien**, die nur eine Dimension, und **Punkte**, die gar keine Dimension haben. Die Fläche ist sogar in gewissem Sinne, nämlich insoweit wir die Raumvorstellung durch den Gesichtssinn gewinnen, das ursprüngliche: wir erhalten auf der Netzhaut ein Flächenbild, projizieren es nach außen und erhalten so eine Raumfläche; erst aus der Verschiedenheit der

Fig. 1

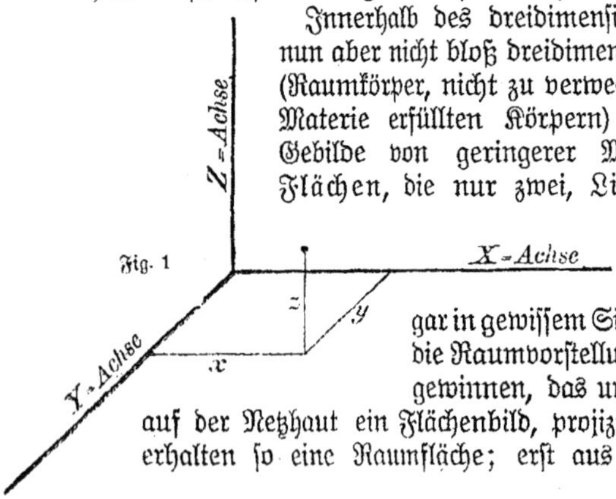

Netzhautbilder in beiden Augen, aus den Wahrnehmungen bei Ortsänderungen und aus den hieraus gewonnenen Erfahrungen schließen wir auf eine dritte, die „Tiefendimension“, die uns dann ebenso geläufig wird wie die beiden Flächendimensionen. Innerhalb der Fläche ist der Ort eines Punktes schon durch zwei Koordinaten, innerhalb der Linie schon durch eine einzige Koordinate bestimmt, wenn auch nicht gerade immer durch rechtwinklige. Eine Fläche im wahren Sinne des Wortes ist nichts Wirkliches, sondern immer nur eine Grenze, z. B. die Grenze zwischen einem Teich und der darüber befindlichen Luft oder die Oberfläche einer Kugel, und ebenso sind Linien eigentlich nur Grenzen, z. B. die Kanten eines Würfels die Grenzen zwischen seinen Flächen. Man wendet aber den Ausdruck „Fläche“ bzw. „Linie“ gerade in der Naturlehre häufig auch in einem etwas weniger exakten Sinne an und versteht alsdann darunter Körper, von denen nur zwei oder gar nur eine einzige Dimension wirklich ausgebildet, die andere aber sehr klein, gewissermaßen verkümmert ist; so nennt man ein Blech in diesem weiteren Sinne eine Fläche und einen Draht oder einen Faden eine Linie. Zur Unterscheidung bezeichnet man dann wohl auch jene Gebilde als mathematische Fläche oder Linie, diese als physikalische oder materielle Fläche oder Linie.

Die Raummaße. Für die exakte Wissenschaft ist es auf jedem Gebiete die erste und wichtigste Aufgabe, die Grundlage für Messungen zu schaffen durch Festsetzung von Maßeinheiten, in denen dann alle wirklichen Größen auszudrücken sind. Was nun den Raum betrifft, so ist die Grundeinheit offenbar die Einheit einer Linie oder Strecke, die sog. Längeneinheit. Seit der französischen Revolution dient hierfür ein allgemeines, in fast allen Ländern angenommenes Maß, das alle früheren Maße (Fuße, Zolle, Meilen usw.) fast völlig verdrängt hat. Es ist dies das Zentimeter, ein Hundertstel des Meters, dieses letztere ursprünglich eine direkt der Mutter Erde entnommene Länge; denkt man sich nämlich immerfort im Meeresspiegel und stets genau nach Norden von einem Punkte des Äquators nach dem Nordpol wandernd (was in der Wirklichkeit natürlich nicht ausführbar ist), so legt man einen sog. Erdquadranten (den vierten Teil eines die Erde umspannenden Meridiankreises) zurück, und hiervon ist das Meter der zehnmillionste Teil; allerdings nicht genau, da inzwischen feinere Messungen der Meridianstrecke eine kleine Abweichung ergeben haben; man hat aber hierauf, um nicht wieder das Maß ändern zu müssen, keine Rücksicht genommen, sondern den nach den damaligen Berechnungen hergestellten, in Paris aufbewahrten, in getreuen Kopien gegenwärtig an vielen Orten vorhandenen Metermaßstab auch für die Zukunft als richtiges Maß beibehalten: in diesem Maße ausgedrückt ist der Erdquadrant nicht 10000000, sondern 10000857 m lang.

Für sehr große Strecken, nämlich für die Entfernungen der Himmelskörper, hat man, da man hier in km zu große Zahlen bekommen würde, ein besonderes Maß eingeführt: man drückt solche Strecken durch die Zeit aus, die ein Lichtstrahl braucht, um von ihnen in unser Auge zu gelangen, und spricht in diesem Sinne von Lichtsekunden (je 300000 km) usw. bis hinauf zu Lichtjahren (1 Lichtjahr = 9464 Milliarden km). Für sehr kleine Strecken andererseits hat man noch eine Bezeichnung durch den griechischen Buchstaben μ (my, Mikron) eingeführt, welche $^1/_{1000}$ mm bedeutet, und das Zeichen $\mu\mu$ (1 milliontel mm, Millimikron).

In der exakten Naturwissenschaft dient, seiner Zweckmäßigkeit halber, gegenwärtig fast allgemein das cm (nicht das zu große m) als Grundeinheit der Länge; und wenn man eine Strecke einfach durch eine Zahl bezeichnet, so meint man, daß sie so viele cm mißt.

Der Originalmeter-Maßstab kann verloren gehen oder sich im Laufe der Jahrhunderte verändern; um für solche Fälle gesichert zu sein, hat man gewisse, unverlierbare und stets reproduzierbare Strecken, nämlich die Wellenlängen bestimmter Lichtarten, äußerst genau metrisch gemessen; bei dem roten Cadmiumlicht z. B. gehen genau $15531^2/_3$ Wellen auf ein cm.

Wie man aus dem Längenmaße sich Flächen- und Körpermaße bildet, ist zu bekannt, als daß wir uns lange dabei aufzuhalten brauchten; die Einheit der Fläche ist das Quadratzentimeter, geschrieben qcm oder cm^2, die Einheit des Rauminhaltes das Kubikzentimeter, geschrieben ccm oder cm^3.

Richtung und Winkel. Außer Strecken, Flächen und Körpern spielen im Raume noch andere Begriffe eine wichtige Rolle, deren gemeinsamer Ausgangspunkt der Begriff Richtung ist. Eine Strecke hat nicht nur eine Länge von so und so vielen cm, sondern außerdem auch eine bestimmte Richtung: und erst wenn man beides angibt, hat man die Linie vollständig charakterisiert. Solche Größen nennt man in der Wissenschaft Richtungsgrößen oder Vektoren im Gegensatz zu den Zahlengrößen oder Skalaren, die einfach durch einen Zahlenwert völlig bestimmt sind. Auf der Erdoberfläche z. B. charakterisiert man Richtungen häufig durch die Windrose, indem man sagt: die Linie geht nach Ostsüdost. Man legt dabei eben gewisse ausgezeichnete Richtungen zugrunde, die Richtung nach Norden (nach dem Nordpol), nach Süden usw. Andere ausgezeichnete Richtungen sind die Richtung, in der die Kompaßnadel zeigt (d. h. die Richtung nach dem magnetischen Nordpol), ferner die Lotlinie, d. h. die Richtung, die ein mit einem Gewicht belasteter Faden annimmt; eine ausgezeichnete Ebene ist beispielsweise die Horizontalebene, d. h. die Ebene, die ein ruhender Wasserspiegel annimmt.

Aus dem Begriff der Richtung folgt sofort als der Richtungsunterschied zweier von demselben Punkt ausgehender Linien der Begriff des Linienwinkels, auch kurz Winkel schlechtweg genannt. Man kann ihn in zwei verschiedenen Einheiten messen. Entweder teilt man den ganzen Umkreis in 360 Teile und nennt einen solchen Teil einen Grad (1°), woraus man dann als Unterteile die Minute ($1'$) gleich $^{1}/_{60}$ Grad und die Sekunde ($1''$) gleich $^{1}/_{60}$ Minute bildet; der rechte Winkel, also der vierte Teil des Umkreises, ist dann gleich 90°. Oder man setzt den Radius des Umkreises gleich 1, dann wird die Länge des Umkreises durch die Zahl 2π dargestellt, die ungefähr 6,283 beträgt; der rechte Winkel wird dann $\pi/2$ (rund 1,57), der Winkel von etwa $57{,}3^{\circ}$ wird gleich 1 und der Winkel von 1° wird gleich 0,017453.

Wie der Linienwinkel der Richtungsunterschied zwischen zwei geraden Linien, so ist der Flächenwinkel der Richtungsunterschied zwischen zwei ebenen Flächen; er hat genau die entsprechenden Eigenschaften wie jener, und es erübrigt sich, etwas Besonderes darüber zu sagen.

Dagegen haben wir in dem „Raumwinkel" einen Begriff von wesentlich neuer Art vor uns. Denken wir uns vom Punkte a als Spitze eine vierkantige Pyramide ausgehend, derart, daß die vier in a zusammenstoßenden Kanten dort vier

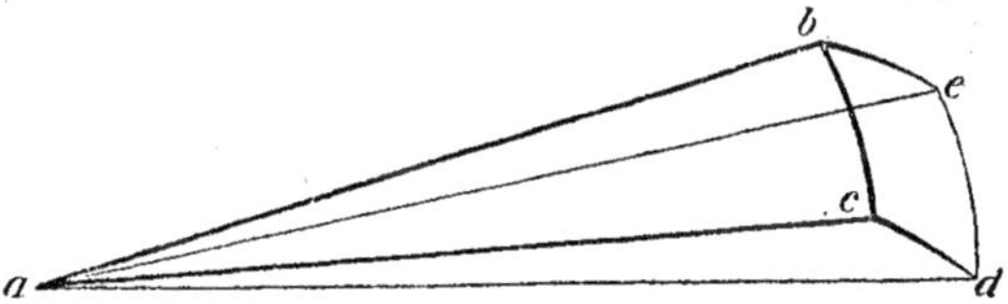

Fig. 2

Winkel von je einem Grad bilden (in der Figur sind viel größere Winkel gezeichnet, weil sie sonst zu undeutlich werden würden); die Winkel bac, cad, dae, eab sollen also jeder 1° sein (Fig. 2). Dann sagt man von der von a ausgehenden Ecke, sie sei gleich einem Quadra‘grad. Dieser Quadratgrad ist das Maß von derartigen Ecken oder „Raumwinkeln". Man kann sich auch, um ganz analog wie beim gewöhnlichen Linienwinkel zu verfahren, um den Punkt *a* eine Kugelfläche geschlagen denken, von der das gekrümmte Viereck *bcde* ein Teil ist. Dort, beim Linienwinkel, schlugen wir einen Kreis um den Punkt und teilten den ganzen Kreis in 360 Grade. Hier ist die Frage nicht ganz so einfach; aber soviel können wir sagen: wie der Linienwinkel ein Ausschnitt aus dem Kreise, so ist der Raumwinkel ein Ausschnitt aus der Kugel, und zwar ein Quadratgrad ungefähr der 41253. Teil.

Der Raumwinkel spielt in den verschiedensten Gebieten der Wissenschaft und des praktischen Lebens eine wichtige Rolle; nur auf einige von ihnen soll hier aufmerksam gemacht werden.

Ein Blatt Papier habe eine bestimmte Größe, ausgedrückt in qcm. Dieser seiner wirklichen Größe steht ein anderer Begriff gegenüber, seine scheinbare Größe, in der ich es erblicke, wenn ich es von einem bestimmten Standpunkte aus betrachte. Diese scheinbare Größe ist allerdings desto größer, je größer seine wahre Größe ist, aber sie hängt zweitens von der Entfernung und drittens von der Schiefe seiner Lage gegen die Sehlinie ab; in der doppelten Entfernung erscheinen mir alle Linien nur halb so groß, die ganze Fläche also nur ein Viertel so groß; und was die Schiefe betrifft, so sehe ich die Fläche am größten, wenn sie gerade quer zur Sehrichtung steht,

Fig. 3

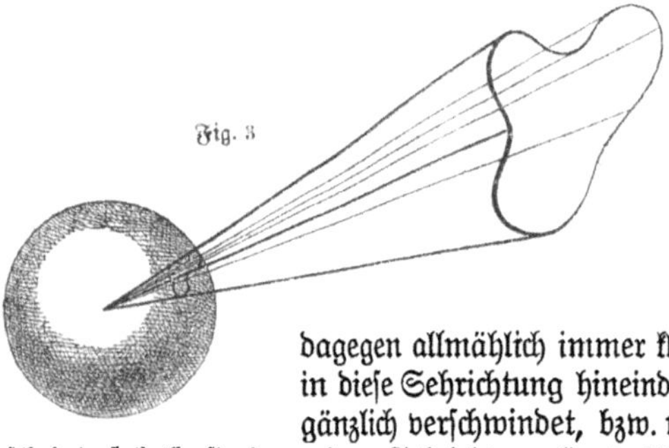

dagegen allmählich immer kleiner, je mehr sie sich in diese Sehrichtung hineindreht, bis sie schließlich gänzlich verschwindet, bzw. nur noch als Linie erscheint, sobald sie in meiner Sehrichtung liegt. Alle diese Einflüsse kann man nun in einem einzigen Ausdruck zusammenfassen, indem man sagt: die scheinbare Größe einer Fläche ist gleich dem Raumwinkel, den alle Strahlen einschließen, die ich von meinem Auge nach den Randpunkten der Fläche ziehe, also, wie ich auch sagen kann, gleich dem Flächenstück, das der Raumwinkel aus der um mein Auge mit dem Radius 1 geschlagenen Kugel herausschneidet (Fig. 3). Es gibt eine ganze Wissenschaft, gleich wichtig für Mathematiker, Techniker und Maler, die sich mit diesen Verhältnissen des näheren beschäftigt: die Perspektive. Aber auch in manchen anderen Gebieten spielt der Raumwinkel eine wichtige Rolle, und als Beispiel mag die Aufgabe angeführt werden zu bestimmen, wieviel Licht in ein Zimmer, z. B. in ein Schulzimmer fällt, und zwar auf jeden Sitzplatz in diesem Schulzimmer einzeln genommen. Diese Lichtmenge wird natürlich von der Witterung draußen abhängen, von der Helligkeit des Himmels, sie wird außerdem von der Helligkeit der Wände des Zimmers abhängen; aber wenn man diese Einflüsse als gegeben ansieht, so kommt es noch wesentlich auf die Größe der Fenster an, und zwar nicht auf ihre wirkliche Größe, sondern auf ihre scheinbare Größe von dem Sitzplatze des Schülers aus gesehen; in der neueren Schulhygiene hat man daher vielfach die Raumwinkelsumme aller Fenster berechnet und als erforderlich hingestellt, daß diese Raumwinkelsumme mindestens so und so viel für jeden Platz betrage.

Größe und Gestalt. Zwei Raumgebilde, z. B. zwei Körper, die man miteinander vergleicht, können sich in zweierlei Hinsicht unterscheiden: in ihrem Rauminhalt, zahlenmäßig angebbar, und daher als quantitative Eigenschaft zu bezeichnen, und in ihrer Gestalt, zahlenmäßig nicht angebbar und daher mehr qualitativer Natur. Zwei Gebilde, die dieselbe Gestalt haben, nennt man ähnlich, und wenn sie außerdem auch noch gleiche Größe haben, so nennt man sie kongruent. Dabei zeigt sich aber noch eine weitere Verschiedenheit, die so interessant ist, daß wir ihr einige Augenblicke gönnen müssen. Die beiden Flächen *a* und *b* (Fig. 4) sind kongruent, d. h. gleich groß und von gleicher Gestalt; sie sind außerdem auch noch in gleicher Weise gelegen (orientiert), so daß sie durch Verschiebung der linken nach rechts zur Deckung miteinander gebracht werden können. Die beiden Flächen *c* und *d* oder *e* und *f* sind ebenfalls kongruent, aber nicht gleich gelegen, so daß es, um sie zur Deckung zu bringen, notwendig ist, die eine zu verschieben und zu drehen; bei *c* und *d* muß um 90°, bei *e* und *f* sogar um 180° gedreht werden, so daß sich oben und unten vertauscht. Betrachtet man aber die beiden Flächen *g* und *h*, so findet man, daß sie durch keine Drehung innerhalb der Papierebene zur Deckung gebracht werden können: sie sind nämlich symmetrisch oder spiegelbildlich kongruent; um sie zur Deckung zu bringen, muß ich die dritte Dimension des Raumes zu Hilfe nehmen, indem ich z. B. das Papier längs der Linie 1 2 zusammenkneife und die rechte Seite, indem ich sie um 1 2 als Achse im Raume herumdrehe, auf die linke lege. Das Ergebnis dieser Betrachtung ist dies, daß kongruente

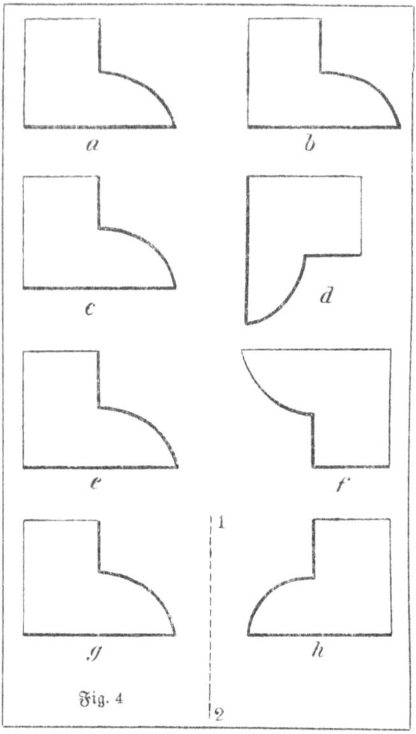

Fig. 4

Flächen stets zur Deckung gebracht werden können, eventuell unter Zuhilfenahme der dritten Dimension. Ganz anders bei Körpern: diese sind entweder wirklich kongruent, und dann können sie zur Deckung gebracht werden; oder sie sind spiegelbildlich kongruent, und dann können sie, da wir über eine vierte Dimension nun einmal leider nicht verfügen, überhaupt nicht zur Deckung gebracht werden. Ein naheliegendes Beispiel sind die beiden Hände des Menschen, ein anderes sehr verbreitetes und mannigfaltiges Beispiel sind gewisse Kristalle, u. a. die Kristalle von Zucker, von denen es Exemplare gibt, die kongruent, und andere, die nur spiegelbildlich kongruent sind.

Dies leitet uns zur Frage der möglichen Gestalten der Körper überhaupt hinüber. Diese Gestalten sind, wie jeder weiß, so mannigfaltig, und zum großen Teil so kompliziert, daß man gar nicht den Versuch machen wird, sie alle unter ein gemeinsames Gesetz zu bringen. Aber zwei Klassen von Gestalten gibt es, die sich durch Einfachheit auszeichnen, und die daher vielfach eine besonders wichtige Rolle spielen. Die eine dieser Klassen bilden diejenigen Körper, welche durch eine einzige gekrümmte Fläche begrenzt sind ohne alle Kanten und Ecken; dahin gehört die Kugel, das Ellipsoid, der Zylinder ohne Ende, der Ring und viele andere Körper. Im Gegensatze hierzu sind die Körper der anderen Klasse gerade durch Kanten und Ecken ausgezeichnet, dafür setzt sich aber ihre Oberfläche aus lauter ebenen Flächen zusammen: das sind

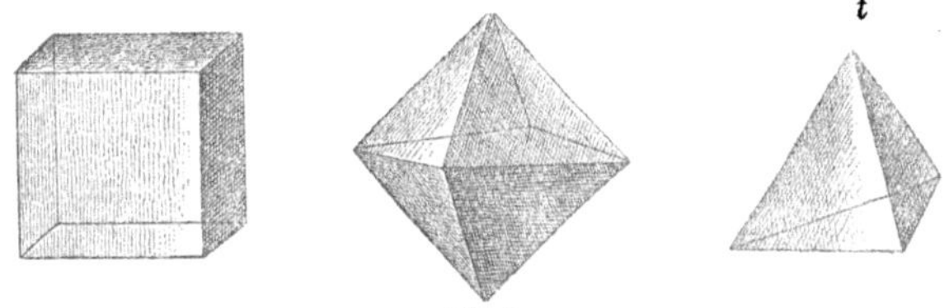

Fig. 5

die Gestalten, denen wir u. a. im Reiche der Kristalle begegnen (Fig. 5), der Würfel *w* (Gold und Steinsalz), das Oktaeder *o* (Magneteisenstein), das Tetraeder *t*, das Granatoeder (Granat) und Tausende von anderen Formen. Es ist einer der schönsten Triumphe, die der Naturwissenschaft des neunzehnten Jahrhunderts zu feiern vergönnt waren, den Beweis erbracht zu haben, daß alle diese Tausende von Formen sich bestimmten Gestaltungsprinzipien unterordnen, und daß man sie infolgedessen in eine beschränkte Anzahl von Klassen einordnen kann, nicht willkürliche (wie etwa die des bekannten Linnéschen Pflanzensystems), sondern aus der Natur des Raumes und der Gestaltung sich in zwingender Weise ergebende Klassen. Solcher Klassen gibt es nicht mehr und nicht weniger als 32. In den populären Büchern über Kristalle findet man sie, weil ihre Charakterisierung für Laien doch nicht so ganz einfach ist, nicht angegeben; sie sind dort durch die leichter verständlichen sog. Kristallsysteme ersetzt, deren es nur 6 oder 7 gibt, und deren einfachstem, dem regulären, u. a. die drei obigen Formen angehören.

Zum Schlusse dieses Abschnittes sei noch auf das interessante und wichtige Problem des Zusammenhanges der Raumgebilde hingewiesen. Wenn ein Gebilde aus getrennten Teilen besteht, ist es unzusammenhängend, andernfalls zusammenhängend; aber dieser Zusammenhang kann von verschiedener Art sein. Von den drei Linien *a*, *b*, *c* der Fig. 6 ist z. B. die erste einfach zusammenhängend, weil sie durch einen einzigen Schnitt zerfällt, die zweite dagegen zweifach, die dritte dreifach zusammenhängend, weil hier der Zerfall erst nach zwei bzw. drei Schnitten erfolgt; von den Flächen *d* und *e* ist jene einfach, diese zweifach zusammenhängend; und das letztere gilt auch von dem körperlichen Ring *f*. Auf vielen Gebieten, z. B. bei der Strömung der Flüssigkeiten und bei

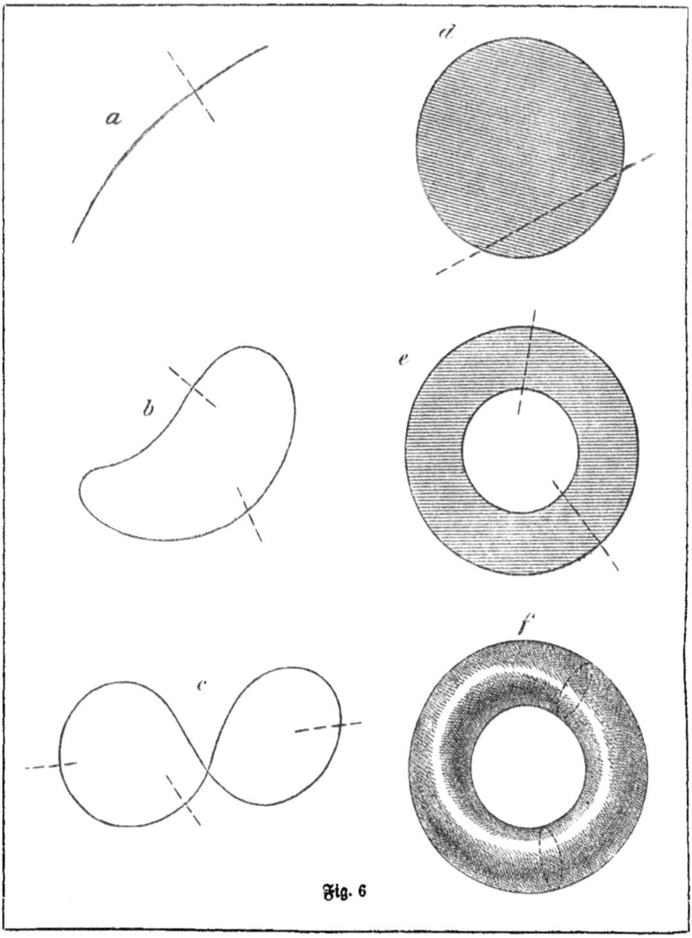

Fig. 6

den elektromagnetischen Erscheinungen spielt die Art des Zusammenhangs eine wichtige Rolle.

Die Wissenschaft, die sich mit den räumlichen Gebilden befaßt, ist die **Geometrie**.

II. Die Zeit.

Die Zeit ist, um es zu wiederholen, das Fundament unserer Innenwelt oder, wie Kant sagt, die Form unserer inneren Anschauung. Sie hat nur eine einzige Dimension, ist also von viel einfacherer Natur als der Raum, und die Wissenschaft von der Zeit ist, insofern sie rein wissenschaftlich ist, unvergleichlich viel einfacher und kürzer als die Geometrie; für die praktischen Zwecke der Menschheit erheben sich freilich auch hier so manche verwickelten Probleme, und aus dem Bestreben, sie zu lösen, ist eine ganze Wissenschaft, die Chronologie, hervorgegangen.

Was die Lehre von der Zeit andererseits besonders schwierig macht, ist die Tatsache, daß wir keinen quantitativen und von äußeren und inneren Einflüssen unabhängigen Zeitsinn besitzen, und deshalb auf jede direkte Zeitmessung verzichten müssen.

Der Tag. Es bleibt uns nichts übrig, als uns an die äußeren Ereignisse zu halten und mit ihrer Hilfe eine Zeiteinheit festzusetzen. Geeignet hierzu wird nach dem, was wir von der Längeneinheit her wissen, nur eine Zeitdauer sein, die sich jederzeit wieder fassen läßt, und von der man annehmen kann, daß sie sich stets genau gleich bleibt. Unter allen Vorgängen hat sich hierfür die Drehung der Erde um ihre Achse, und zwar gerade einmal herum, am geeignetsten erwiesen; die so festgesetzte Zeiteinheit nennt man bekanntlich einen Tag.

Nun ist allerdings aus verschiedenen Umständen zu schließen, daß der Tag nicht dauernd dieselbe Länge behält; aber diese Änderung ist jedenfalls so geringfügig, daß sie sich erst in Jahrtausenden bemerklich macht, und auch dann nur mit Sekunden. Ferner ist zwischen Sterntag und Sonnentag zu unterscheiden; jener ist die Zeit zwischen zwei Höchstständen desselben Fixsterns und hat den Vorzug, daß ein Sterntag genau so lang ist wie der andre, während der Sonnentag, d. h. die Zeit zwischen zwei Höchstständen der Sonne, im Laufe des Jahres ein wenig schwankt. Indessen ist uns doch die Sonne so überwiegend wichtig, daß wir die Zeiteinteilung lieber auf sie beziehen und, um jene Schwankungen auszuschalten, den mittleren Sonnentag einführen. Er unterscheidet sich vom Sterntag in der Weise, daß die Differenz im Jahre gerade einen Tag ausmacht, d. h. 366 Sterntage sind gleich 365 Sonnentagen.

Die Sekunde. Für die meisten Zwecke jedoch würde der Tag eine unbequem große Zeiteinheit sein, und man hat deshalb aus ihm eine viel kleinere abgeleitet, indem man den mittleren Sonnentag in 86400 gleiche

Teile (oder den Sterntag in 86164 gleiche Teile) einteilt und jeden solchen Teil eine Sekunde, abgekürzt sec, nennt. Diese Sekunde läßt sich überdies jederzeit bequem feststellen durch einen der bekanntesten und in Wissenschaft und Praxis sehr verbreiteten Apparat: durch das Pendel. Die Schwingungsdauer eines Pendels, d. h. die Zeit, die es braucht, um einmal hin oder einmal her zu schwingen, ist nämlich desto größer, je länger der Pendelfaden ist, und zwar ist das Gesetz, das die Pendellänge und seine Schwingungsdauer verknüpft, am einfachsten für ein Pendel, das nur aus einem ganz leichten Faden und einer kleinen, aber schweren Kugel, die daran hängt, besteht, ein Pendel, das man als „einfaches Pendel" bezeichnet. Es wird nun ein einfaches Pendel geben, dessen Schwingungsdauer gerade eine Sekunde beträgt, und dieses Pendel nennt man das einfache Sekundenpendel; die Länge, die man ihm geben muß, ist, weil die Schwerkraft, die doch das Pendel antreibt, an verschiedenen Stellen der Erde etwas verschieden ist, ebenfalls etwas verschieden; unter 45° Breite und im Niveau des Meeresspiegels ist sie 99,35 cm (fast 1 m). Damit ist aber unsere Zeiteinheit, die Sekunde, in wünschenswerter Einfachheit und Genauigkeit festgelegt.

Was schließlich das Verhältnis von Raum und Zeit zueinander betrifft, so erscheinen sie uns nur insofern wesensverschieden, als uns die äußere Anschauung für die Zeit fehlt. Hätten wir eine solche, so wäre die Zeit weiter nichts als die vierte Dimension des Raumes, die Welt würde vier gleichwertige Mannigfaltigkeiten aufweisen. Aber hierauf und auf alles, was damit zusammenhängt — dazu gehört auch die neuerdings wieder so berühmt gewordene Relativitätstheorie (vgl. am Schluß) — kann hier nicht eingegangen werden. Nur so viel sei bemerkt, daß sich auf Grund dieser Vereinheitlichung ein bestimmtes Wertverhältnis zwischen Raum- und Zeitstrecke ergibt. Die universelle Geschwindigkeitskonstante im Universum st nämlich die Lichtgeschwindigkeit c, nur sie ist von allen Umständen unabhängig, sie thront unantastbar über dem Ganzen. Daraus aber ergibt sich, daß man eine Sekunde äquivalent setzen muß mit der vom Licht in einer Sekunde durchmessenen Strecke, d. h. mit $c = 300000$ km oder 30 Mil.iarden cm.

III. Die Bewegung.

Die allgemeinste Ideenverbindung, in die man die Begriffe Raum und Zeit miteinander bringen kann, ist in dem Satze enthalten: Ein Körper behält entweder seinen Ort im Raume mit der Zeit bei, oder er ändert ihn mit der Zeit; jenen Vorgang nennt man Ruhe, diesen Bewegung; die Ruhe ist offenbar nur ein Spezialfall der Bewegung, die eben groß oder klein oder schließlich auch null sein kann. Man kann also sagen: der allgemeinste, aus den Begriffen von Raum und Zeit abgeleitete Begriff ist der Begriff der Bewegung.

Wir haben oben gesehen, daß der Ortsbegriff von relativem Charakter ist, d. h. daß ein Körper nicht schlechthin einen Ort hat, sondern nur in bezug auf einen andern Ort, in bezug auf den Anfangspunkt eines Koordinatensystems. Daraus folgt sofort, daß auch die Bewegung stets nur relativ ist, d. h. ein Körper bewegt sich im Vergleich mit einem anderen, den man als ruhend annimmt. So bewegt sich, wenn man auf einem Dampfschiff spazieren geht, der eigene Körper relativ zum Verdeck des Schiffes, das Verdeck des Schiffes selbst aber relativ zur Erde; diese selbst wieder bewegt sich relativ zur Sonne, und die Sonne ihrerseits bewegt sich um einen Zentralstern, von dem es selbst wiederum zweifelhaft ist, ob er absolut in Ruhe ist. Auf dem Boden der Relativitätstheorie hat der Ausdruck „absolute Ruhe" und „absolute Bewegung" überhaupt keinen Sinn.

Geschwindigkeit. Ehe wir dazu übergehen können, ein Maß der Bewegung aufzustellen, müssen wir zweierlei Unterscheidungen ins Auge fassen, die man in bezug auf Bewegung machen kann, nämlich beim Vergleich zweier Bewegungen: gleichzeitige Richtungsverschiedenheiten und Stärkeverschiedenheiten, und bei einer und derselben Bewegung: zeitliche Richtungsänderung und Stärkeänderung. Die Bewegung hat nämlich offenbar nicht nur einen Zahlenwert, sondern auch eine Richtung, sie ist kein einfacher Skalar, sondern ein Vektor. Man hat daher zu unterscheiden zwischen geradliniger und krummliniger Bewegung einerseits und zwischen gleichförmiger und ungleichförmiger Bewegung andererseits. Betrachten wir der Reihe nach, indem wir vom einfachsten zum verwickeltsten Falle übergehen, die geradlinige gleichförmige, die geradlinige ungleichförmige, die krummlinige gleichförmige und die krummlinige ungleichförmige Bewegung!

Bei der geradlinigen gleichförmigen Bewegung liegen die Verhältnisse sehr einfach. In jeder Sekunde legt der Punkt, den wir die Bewegung ausführen lassen wollen, die gleiche Strecke in derselben Richtung zurück, z. B. 5 cm nach Nordost. Diese in einer Sekunde wie in der anderen zurückgelegte Strecke nennt man die Geschwindigkeit der Bewegung, und man kann dann sagen: bei der geradlinigen gleichförmigen

Bewegung ist die Geschwindigkeit nach Größe und Richtung konstant. Ein Beispiel bietet ein auf freier, ebener und gerader Strecke fahrender Eisenbahnzug in dem mittleren Stücke zwischen zwei Haltestellen. Aber dieses Beispiel lehrt uns sofort auch den zweiten Fall kennen, nämlich die beschleunigte und die verzögerte geradlinige Bewegung, erstere bei der Abfahrt von der Station, letztere bei der Annäherung an die nächste. Daß die Geschwindigkeit in diesen Fällen nicht konstant, sondern veränderlich ist, daß sie in jenem Falle immerfort wächst, in diesem immerfort abnimmt, ist klar: es fragt sich nur: Wie groß ist sie in einem bestimmten Augenblick? Man hat hier offenbar nicht die Strecke darunter zu verstehen, die in der Sekunde zurückgelegt wird; denn in dieser Sekunde ändert sie sich schon viel zu sehr, man würde dann nur die durchschnittliche Geschwindigkeit während dieser Sekunde erhalten. Besser wäre es schon, nur eine Zehntelsekunde zu nehmen, die in dieser Zeit zurückgelegte Strecke festzustellen und hiervon das Zehnfache zu nehmen, indem man sich vorstellt, der Punkt behielte dieselbe Geschwindigkeit eine ganze Sekunde lang bei; noch besser wird es sein, unter Geschwindigkeit des Punktes das Hundertfache derjenigen Strecke zu verstehen, die er in der ersten Hundertstelsekunde zurücklegt usw. Geht man so zu immer kleineren Zeitteilchen und Strecken fort, so gelangt man zu dem, was man in der Mathematik einen Grenzwert nennt, und man kann daher sagen: Geschwindigkeit einer veränderlichen Bewegung ist der Grenzwert des Verhältnisses der zurückgelegten Strecke zu der dazu erforderlichen Zeit, der sich ergibt, wenn man Strecke und Zeit immer kleiner wählt.

Unabhängigkeitsprinzip. Wie die Strecke, so ist auch die Geschwindigkeit ein Vektor, d. h. sie ist durch ihren Zahlenwert und die Einheit, auf die sich dieser bezieht, also z. B. durch die Angabe 30 cm/sec noch nicht vollständig charakterisiert. Es muß noch die Richtung angegeben werden, in welcher der Körper diese Geschwindigkeit hat. Solche Vektoren darf man — und das ist eine sehr unbequeme Eigenschaft von ihnen — nicht einfach addieren, so wenig man Mark und Franks oder Äpfel und Nüsse einfach addieren darf. Vektoren muß man vielmehr mit Rücksicht auf ihre Richtung, d. h. geometrisch addieren, indem man sie nach Größe und Richtung aneinandersetzt (ab bc) und dann die Linie ac zieht (Fig. 7): diese letztere heißt daher die geometrische Summe der beiden ersteren, obgleich sie nicht etwa ihre Summe im gewöhnlichen Sinne, d. h. so lang ist wie jene beiden zusammengenommen (sie ist vielmehr offenbar kürzer). Legt ein Punkt zuerst die Strecke ab, dann die Strecke bc zurück, so

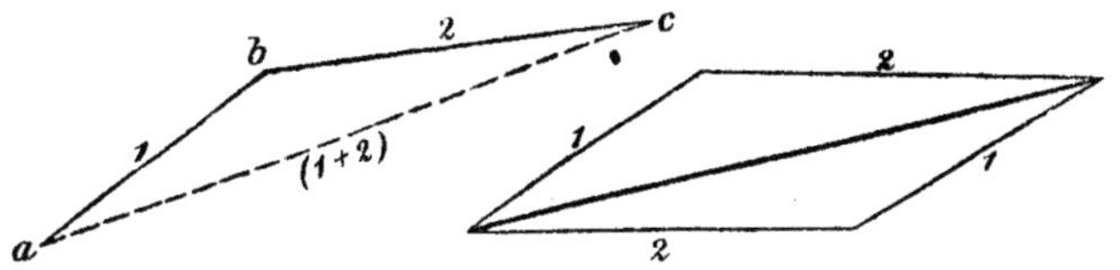

Fig. 7 Fig. 8

kommt er offenbar an denselben Ort, als ob er von vornherein die Strecke ac zurückgelegt hätte. Wir wollen uns nun, obgleich das zunächst gar keinen Sinn hat und erst später einen solchen bekommen wird, vorstellen, ein Körper könne zu gleicher Zeit zwei verschiedene Bewegungen ausführen, von verschiedener Größe und Richtung, also etwa dieselben beiden Bewegungen, die er in dem vorigen Beispiel nacheinander ausführt, 1 und 2; und wir wollen annehmen, daß das Ergebnis dann genau dasselbe wie vorher sein würde, also genau dasselbe, als ob er erst 1 und dann 2 oder auch erst 2 und dann 1 ausführte; man sieht dann, daß der Körper an den gegenüberliegenden Eckpunkt des aus den Linien 1 und 2 gebildeten Parallelogramms gelangt (Fig. 8). Man nennt diesen Satz das Parallelogramm der Strecken oder, indem man Strecken wählt, die gerade in je einer Sekunde zurückgelegt werden, das **Parallelogramm der Geschwindigkeiten**; aber es ist besonders zu betonen, daß dies kein Satz ist, den man beweisen kann, einfach, weil er von einer rein idealen Vorstellung ausgeht, der kein möglicher Vorgang (gleichzeitige Ausführung zweier Bewegungen) entspricht, und weil man von rein idealen Vorstellungen offenbar behaupten kann, was man will; es fragt sich nur, ob, wenn wir später diesem Satz einen wirklichen Sinn beilegen werden, diese unsere Behauptung sich als zweckmäßig und befriedigend herausstellen wird. Solche Sätze, die sich nicht beweisen lassen, nennt man **Prinzipe**, und wir wollen unser Prinzip das **Unabhängigkeitsprinzip** nennen, weil wir annehmen, daß mehrere gleichzeitig gedachte Strecken ganz unabhängig zurückgelegt werden, als ob sie nacheinander zurückgelegt werden.

Übrigens ist unser Satz offenbar noch sehr der Verallgemeinerung fähig; denn statt zweier gleichzeitiger Bewegungen kann man sich auch deren drei oder mehr denken: das Endergebnis erhält man, wenn man diese Linien nach Größe und Richtung aneinander reiht und den Aus-

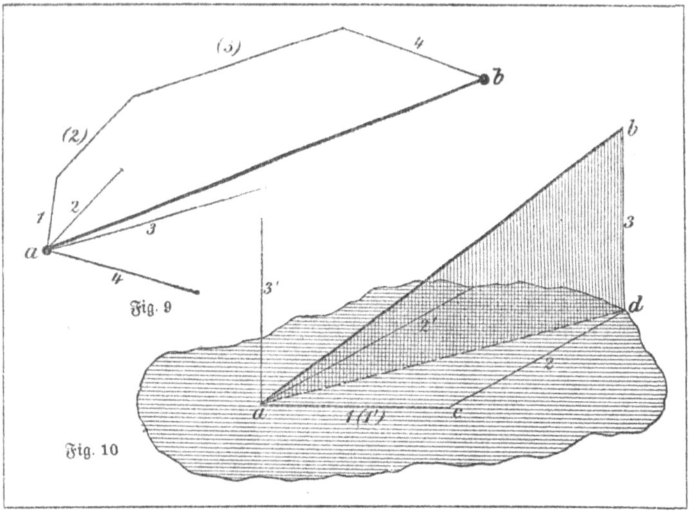

Fig. 9

Fig. 10

gangspunkt *a* direkt mit dem Endpunkte *b* verbindet (Fig. 9); eine Erweiterung, die man als den Satz vom Polygon der Strecken oder vom Polygon der Geschwindigkeiten (wenn jede der Strecken sich gerade auf eine Sekunde bezieht) bezeichnet hat; dabei ist zu beachten, daß diese Strecken nicht etwa alle in der Zeichnungsebene zu liegen brauchen, sondern nach vorn oder hinten gehen können.

Eine besondere Anwendung macht man von diesen Sätzen in folgender Weise. Man zerlegt die Strecke *ab*, die ein Punkt zurücklegt, und die beispielsweise nach rechts, hinten und oben verlaufen mag (Fig. 10, die Zeichnung ist perspektivisch zu verstehen), in drei aufeinander senkrechte Strecken, deren erste *ac* (1) lediglich nach rechts, deren zweite *cd* (2) nur nach hinten und deren dritte *db* (3) nur nach oben geht; die drei Strecken kann man, statt sie aneinanderzureihen, auch alle drei von *a* ausgehen lassen (1′ 2′ 3′). Diese drei Linien nennt man die rechtwinkligen Komponenten der gegebenen Strecke oder wenn letztere, also auch die Komponenten, sich auf eine Sekunde beziehen, die Komponenten der Geschwindigkeit, letztere selbst aber im Gegensatz hierzu die Resultante der Komponenten. Man kann auch zunächst von *b* das Lot auf die Horizontalebene fällen, *bd*, wodurch man die Zerlegung in die vertikale

Komponente bd und die horizontale ad erhält, und nun letztere nochmals in die Komponente ac, die bloß nach rechts, und in die Komponente cd, die bloß nach hinten geht, zerlegen. Wie ein Ort durch drei Koordinaten, so ist also eine Strecke oder eine Geschwindigkeit durch drei Komponenten gekennzeichnet.

Fig. 11

Krummlinige Bewegung. Bisher wurde die Bewegung als geradlinig angenommen; erfolgt sie auf einer krummen Bahn, so ändert sich trotzdem an dem Gesagten nichts Wesentliches. Denn da unter Geschwindigkeit der Grenzwert zu verstehen ist, dem sich das Verhältnis der zurückgelegten Strecke zur erforderlichen Zeit nähert, wenn man diese Strecke und diese Zeit immer kleiner und kleiner wählt, so erhält man schließlich als Strecke doch eine gerade Linie, denn jede Kurve setzt sich aus lauter winzigen geraden Stücken zusammen (Fig. 11).

Bei der Bewegung auf einer kreisförmigen oder kreisähnlichen Kurve ist es übrigens häufig weniger wichtig zu erfahren, welche Strecke, als welchen Winkel der Körper in einer Sekunde zurücklegt, d. h. welchen Winkel die von dem Kreismittelpunkt nach seinen Orten am Anfang und am Ende einer Sekunde gezogenen Radien miteinander bilden. Diese Größe nennt man Winkelgeschwindigkeit; sie ist offenbar gleich dem Verhältnis der Strecken- oder Bogengeschwindigkeit zum Radius.

Wie verschiedene Geschwindigkeiten in der Natur und in der wissenschaftlichen Praxis vorkommen, zeigt die folgende Zusammenstellung (alle Zahlen drücken in der Sekunde zurückgelegte Strecken aus und haben nur ungefähre Bedeutung):

Schnecke	0,15	cm	Schnellzug	25	m
Mensch im Schritt . .	1,25	m	Nervenleitung	34	„
Halleyscher Komet in Sonnenferne	3	„	Orkan	50	„
Rascher Strom	6	„	Schall in Luft	335	„
Fahrrad	7	„	Kanonenkugel	600	„
Pulswelle	$9^1/_2$	„	Flutwelle	800	„
Rascher Dampfer . . .	12	„	Mond in seiner Bahn . .	1	km
Lenkballon in ruhiger Luft	18	„	Äquatorpunkt der Sonne bei ihrer Achsendrehung	2	„

Explosionswelle . . .	6 km	Elektrischer Kabelstrom	4000 km
Erde in ihrer Bahn . . .	$29^1/_2$ „	Radiumstrahl (α) . .	18000 „
Sternschnuppe	40 „	Lichtstrahl	300000 „
Halleyscher Komet in Sonnen-nähe	393 „		

Winkelgeschwindigkeiten in der Sekunde:

Erde in ihrer Bahn	$^1/_{24}''$	Sekundenzeiger	6°
Erdoberflächenpunkt um die Erdachse	15″	Großes Schwungrad	36°
Stundenzeiger	30″	Dampferrad	360°
Minutenzeiger	6′	Lokomotivenrad	2000°

Die Beschleunigung. Während eine gleichförmige Bewegung in sehr einfacher Weise durch den stets gleichen Wert der Geschwindigkeit nach Größe und Richtung gekennzeichnet ist, muß man bei einer ungleichförmigen Bewegung die Geschwindigkeit für jeden einzelnen Moment, also in jedem einzelnen Punkt der Bahn angeben, man muß, wie man sich mathematisch ausdrückt, die Geschwindigkeit als Funktion des Ortes oder der Zeit kennen. In diesem Falle wird die Charakterisierung, zunächst wenigstens für geradlinige Bewegung viel einfacher, wenn man sich eines neuen Begriffes bedient, nämlich der Änderung, welche die Geschwindigkeit von einer Sekunde zur andern erfährt; man nennt diese Änderung Beschleunigung oder Verzögerung, je nachdem die Geschwindigkeit von einer Sekunde zur nächsten wächst oder abnimmt. Legt z. B. ein Punkt in der ersten Sekunde die Strecke ab, in der zweiten die Strecke bc zurück, und trägt man ab von b aus auf bc auf (Fig. 12), so daß es bis d reicht, so ist dc die Beschleunigung. In der dritten Sekunde wird vermutlich wiederum eine andere Strecke zurückgelegt, und der einfachste Fall wird offenbar der sein (Fig. 13), in dem die Beschleunigung von der zweiten zur dritten Sekunde dieselbe ist, wie von der ersten zur zweiten Sekunde; eine solche Bewegung ist zwar keine gleichförmige, aber sie ist eine gleichförmig beschleunigte Bewegung.

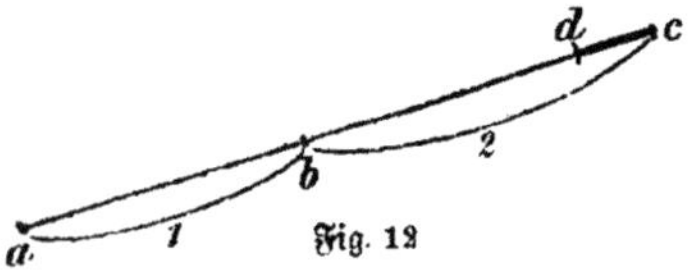

Fig. 12

Fig. 13

Bei der **krummlinigen** beschleunigten Bewegung liegen die Verhältnisse nicht so einfach. Wir müssen uns hier, um zu einer genauen Vorstellung zu gelangen, die Bahnkurve so vorstellen, als ob sie aus lauter kleinen geraden Strecken zusammengesetzt wäre, die mit flachen Knicken aneinander grenzen. Wenn unser Punkt in der ersten Sekunde die Strecke 1, in der nächsten die Strecke 2 zurücklegt, so darf man nicht etwa die Strecke 1 auf der Strecke 2 abtragen und den Überschuß als Beschleunigung bezeichnen; denn die beiden Strecken sind ja Vektoren und haben verschiedene Richtungen. Wäre die Bewegung geradlinig und gleichförmig, so würde der Punkt (Fig. 14) in der zweiten Sekunde die Strecke $bc = ab$ zurücklegen; in Wahrheit kommt er aber nach d; nach unserem früher kennengelernten Unabhängigkeitsprinzip hat er also die Strecke cd mehr zurückgelegt, diese ist also als wahre Beschleunigung zu bezeichnen.

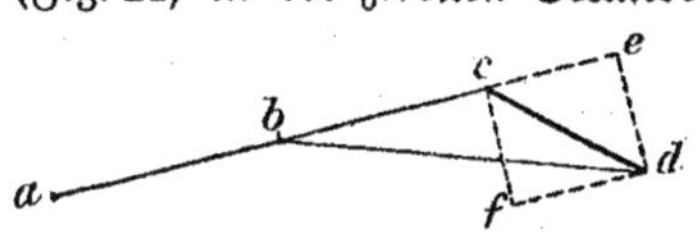

Fig. 14

Diese Beschleunigung cd können wir nun in zwei Komponenten zerlegen, deren eine in die Richtung der ursprünglichen Bahn fällt, also von c nach e reicht, während die andere auf dieser Bahnrichtung senkrecht steht und von c nach f oder von e nach d reicht (ersteres, wenn man sich die beiden Komponenten gleichzeitig, letzteres, wenn man sie sich nacheinander ausgeführt denkt). Die erste Komponente ce wird man, da sie in die Richtung der in c an die Bahnkurve gelegten Tangente (Berührungsgeraden) fällt, zweckmäßig als Tangentialkomponente bezeichnen, die andere, da sie auf ihr senkrecht steht, als **Normalkomponente**. Man hat aber noch einen anderen sehr anschaulichen Namen für sie. Die meisten krummlinigen Bewegungen finden nämlich so statt, als ob sie ein Zentrum der Bewegung hätten, als ob sie Drehungen um einen Mittelpunkt vorstellten, wie z. B. die Bewegung der Erde um die Sonne oder die Bewegung eines Pendels um seinen Aufhängepunkt. Die Normalkomponente der Beschleunigung ist nun offenbar nach diesem Zentrum gerichtet, sie stellt die Tendenz des Körpers dar, sich dem Zentrum zu nähern, ihm zuzustreben, und deshalb nennt man sie **Zentripetalbeschleunigung**. Aus Tangential- und Zentripetalkomponente setzt sich also die ganze Beschleunigung zusammen. Jede der beiden Komponenten der Beschleunigung hängt ersichtlich von einem anderen Einflusse ab: Die Tangentialbeschleunigung wird desto größer sein, je schneller die Bahngeschwindigkeit wächst, die Zentripetalbeschleunigung wird desto größer sein, je stärker *gekrümmt* die Bahn ist; bei geradliniger Bewegung ist die Zentripetalkomponente, bei gleichförmiger Bewegung auf kreisförmiger Bahn ist die Tangentialkomponente null.

Einige Zahlenbeispiele für die *Beschleunigung* sind hier in cm pro sec zusammengestellt:

Mond gegen Erde	0,27	Abfahrender Schnellzug . .	60
Erde gegen Sonne	0,58	Freier Fall auf dem Monde	158
Fall auf der schiefen Ebene		" " " der Erde .	980
mit 1° Neigung	17	" " " " Sonne	26000

Fassen wir das Gesagte kurz zusammen:

1. Bei der Ruhe bleibt der Ort immer derselbe.

2. Bei der gleichförmigen Bewegung bleibt die Geschwindigkeit immer dieselbe.

3. Bei der gleichförmig beschleunigten Bewegung bleibt die Beschleunigung immer dieselbe.

Das Strömungsfeld. Wir wollen nun versuchen, uns von dem Raum, in dem eine Bewegung sich abspielt, und den wir das *Bewegungsfeld* nennen wollen — einen Raum, in dem sich etwas abspielt, nennt man allgemein ein „Feld", und wir werden noch mehr solche Felder kennen lernen —, eine recht anschauliche Vorstellung zu machen. Zu diesem Zwecke ist außerordentlich geeignet ein anderer Begriff, eine neue Größe, zu der wir durch die folgende Betrachtung gelangen. Die neue Größe soll in jedem Punkte des Feldes einen bestimmten Zahlenwert, aber auch nur einen solchen, keine Richtung, haben, sie soll also ein reiner Skalar sein. Im übrigen soll dieser Zahlenwert von Ort zu Ort sich nur ganz allmählich ändern (Fig. 15). Ist z. B. im Punkte a der Wert dieser Größe 10, so wird er 1 cm weiter links, in b, vielleicht schon 11, dagegen 1 cm weiter rechts, in c, nur 9 betragen; und da, wenn man von b nach c auf einem Bogen, sei es oben oder unten herum, fortschreitet, der Übergang ebenfalls stetig sein soll, so wird es hier wie dort einen Punkt geben, wo der Wert unserer Größe ebenfalls 10 sein wird, etwa in d bzw. in e; eben solche Punkte, wo die gesuchte Größe den Wert 10 hat, werden auch, was man auf dem Papiere nicht zeichnen kann, auf einem Bogen vor der Papierebene herum und auf einem Bogen hinten herum liegen, überhaupt auf jedem Wege, auf dem man von c nach b gelangen kann. Um

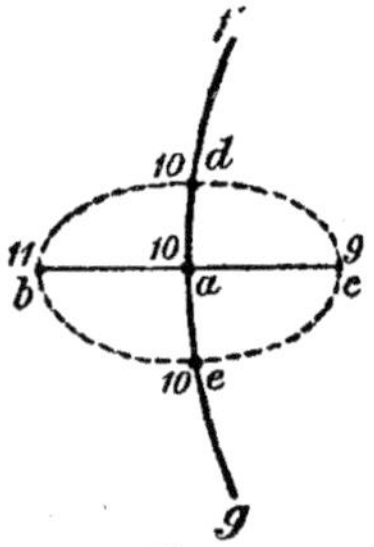

Fig. 15

den Punkt *a* herum haben wir also eine krumme, unser Papierblatt durchschneidende Fläche *fg* von der Eigenschaft, daß in ihren sämtlichen Punkten der Wert der unbekannten Größe 10 ist, daß er dagegen rechts von dieser Fläche kleiner ist, links größer. Wir wollen nun annehmen, diese Zeichnung sei so ausgeführt, daß die Richtung, in der die Größe abnimmt (also hier die Richtung nach rechts), gerade die Richtung der Bewegung des Punktes *a* ist, und daß der Betrag, um den die Größe auf einem cm abnimmt (also hier $10 - 9 = 1$), das „Gefälle", gerade die Geschwindigkeit des Punktes ist. Man nennt alsdann diese Größe das Geschwindigkeitspotential und kann es nun definieren als diejenige Größe, deren Richtung stärksten Gefälles die Bewegungsrichtung und deren Gefälle (Abnahme auf einer Strecke von 1 cm) in dieser Richtung gerade die Geschwindigkeit der Bewegung liefert. Die vorher erwähnte, das Papier durchschneidende Fläche nennt man eine Fläche gleichen Geschwindigkeitspotentials oder, der Kürze halber, eine Niveaufläche; auf ihr steht die Bewegungsrichtung aller Punkte senkrecht, in ihr selbst findet also gar keine Bewegung statt. Auf diese Weise kann man nun das ganze Feld mit lauter Niveauflächen und lauter Bewegungslinien anfüllen und erhält dann das beistehende Bild (Fig. 16), in dem die mit Pfeilen versehenen Linien die Bewegungslinien, die Linien mit Zahlen zu beiden Seiten die Nivauflächen darstellen; alle Schnittwinkel in der ganzen Zeichnung sind rechte Winkel. Natürlich konnte nur eine Auswahl aller Flächen gezeichnet werden, und man tut gut, eine bestimmte Auswahl zu treffen, nämlich so, daß der Unterschied in dem Werte des Geschwindigkeitspotentials von einer Fläche zur andern immer gleich viel,

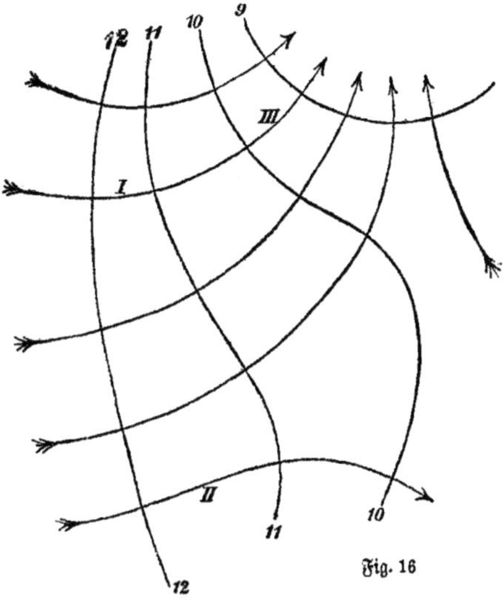

Fig. 16

z. B. immer 1 beträgt, daß dieses also etwa in den gezeichneten Flächen die Werte 9, 10, 11, 12 usw. hat. Diese Flächen werden alsdann stellenweise nahe beieinander, anderwärts weit auseinander liegen; wo sie vielleicht 1 cm auseinander liegen, ist die Geschwindigkeit gerade 1; wo sie 2 cm auseinander liegen, muß man sich, um das Gefälle zu finden, noch eine Fläche in der Mitte dazwischen denken, z. B. die Fläche $9^1/_2$, und hier ist also die Geschwindigkeit nur $^1/_2$. Man erhält mithin den Satz: Je dichter die Flächen beieinander liegen, desto größer ist die Geschwindigkeit. Und zwar gilt das sowohl für den Vergleich zweier Stellen zwischen denselben beiden Niveauflächen (I, II), als auch für den Vergleich zwischen verschiedenen Niveauflächen (I, III).

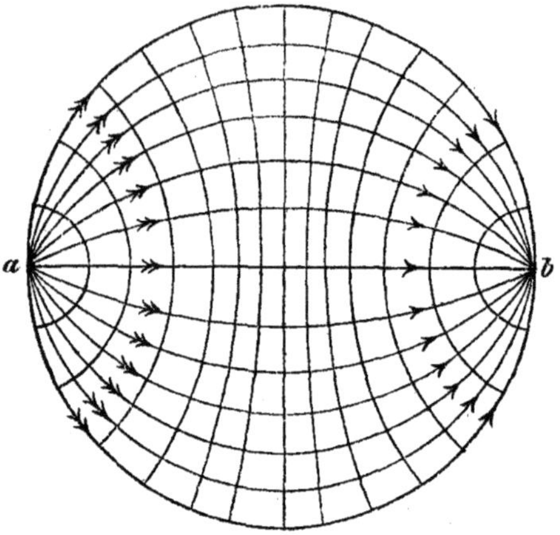

Fig. 17

Nun ist es allerdings die Frage, und zwar die fundamentale Frage, ob es möglich ist, eine solche Größe zu finden, welche die Eigenschaften des Geschwindigkeitspotentials für eine bestimmte vorliegende Bewegung hat. Es läßt sich mit Hilfe einer mathematischen Betrachtung zeigen, daß es bei einer wichtigen Art von Bewegung, bei der reinen Strömung, stets ein Geschwindigkeitspotential gibt, nicht aber bei einer anderen interessanten Art von Bewegung, der Wirbelbewegung; bei letzterer kann man daher eine der obigen entsprechende Zeichnung des Feldes nicht ausführen, wohl aber bei der ersteren, und man nennt daher ein solches Feld gewöhnlich Strömungsfeld, die Flächen Strömungsniveauflächen, die Linien Strömungslinien oder Stromlinien. Die beistehende Figur 17 gibt ein Beispiel einer derartigen Strömung, und es ist einerlei, ob man dabei an eine gewöhnliche Flüssigkeitsströmung oder an einen elektrischen Strom oder an einen Wärmestrom denkt. Die Kreisfläche sei das Strömungsfeld, das also in diesem Falle nur zweidimensional ist (in Wahrheit wird es noch eine gewisse Dicke über oder unter dem Papier haben, die uns aber hier nicht interessiert). Den Punkt *a*, wo die Einströmung stattfindet, nennt man „Quelle“, den Punkt *b*, wo die Ausströmung stattfindet, nennt man „Senke“ (beim elektrischen Strom sagt man dafür auch Anode und Kathode); die Stromlinien sind hier lauter Kreisbögen (durch Pfeile gekennzeichnet), darunter auch in der Mitte eine gerade Linie; die Niveaulinien (im zweidimensionalen Felde gibt es natürlich statt der Niveauflächen nur Niveaulinien) sind ebenfalls Kreisbögen, und zwar steht diese zweite Schar von Kreisbögen auf jener ersten in allen Schnittpunkten senkrecht.

Für die Wirbelbewegung, bei der sich die Teilchen um ihre Achse drehen, und für welche die Bewegung des Wassers hinter dem Ruder, die Wirbelstürme in der Lufthülle unserer Erde, die Rauchringe der Tabakraucher und, nach unserer jetzigen Vorstellung, die magnetischen Vorgänge Beispiele sind, ist wie gesagt die Darstellung mit Hilfe des Geschwindigkeitspotentials ausgeschlossen. Es läßt sich aber trotzdem auch hier eine anschauliche Darstellung der Verhältnisse geben, es läßt sich auch hier der Raum, in dem die Wirbelerscheinungen sich abspielen, und den man „Wirbelfeld“ nennt, durch Flächen und Linien erfüllen, die ähnliche Bedeutung haben, wie Niveauflächen und Stromlinien im Strömungsfeld. Es kann aber hier nicht näher darauf eingegangen werden.

IV. Die Schwingungsbewegung.

Eine der verbreitetsten Bewegungen in der Welt ist die periodische Bewegung, d. h. diejenige, bei welcher der Punkt, den wir uns der Einfachheit halber als Träger der Bewegung denken wollen, nach einer bestimmten Zeit immer wieder an dieselben Orte im Raume zurückgelangt. Solcher Bewegungen gibt es in gewissem Sinne zwei Arten: die Schwingung und die Drehung, und man kann deren Gesetz vortrefflich erläutern an dem Beispiel des bekannten Apparates, den man Pendel nennt, und der so vielfältige Anwendung findet. Wenn man ein Pendel (*a* der Aufhängepunkt, *b* der Pendelkörper) aus seiner natürlichen Lage seitwärts herausbringt, etwa in die Stellung *ac* (Fig. 18) und nun einfach, ohne ihm einen Stoß zu geben, losläßt, so wird es in die Stellung *ab* und darüber hinaus in die der Stellung *ac* auf der anderen Seite entsprechende Stellung *ad* schwingen, hier umkehren, nach *ac* zurückkehren usw.; gibt man ihm, ehe man es in *ac* losläßt, einen mäßigen Schwung, so wird es auf der anderen Seite höher hinaufgehen, vielleicht bis *e*,

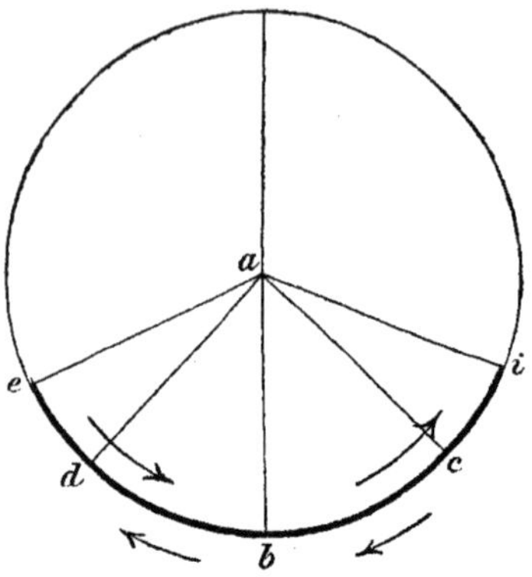

Fig. 18

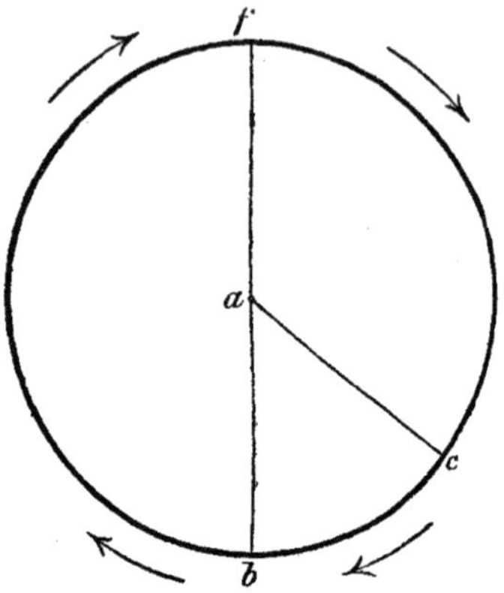

Fig. 19

aber es wird immer noch umkehren und Schwingungen (zwischen *e* und *i*) ausführen; ist aber der Schwung, den man ihm erteilt, größer, so arbeitet sich das Pendel (Fig. 19) auf der anderen Seite immer weiter empor, erreicht den höchsten Punkt *f*, fällt dann, ohne umzukehren, von *f* nach *c* hinunter und setzt diese Drehung um den Mittelpunkt *a* immer in demselben Sinne weiter fort. Je nach der Größe des Schwunges erhält man also eine Schwingung oder eine Drehung, eine **Oszillation** oder eine **Rotation**.

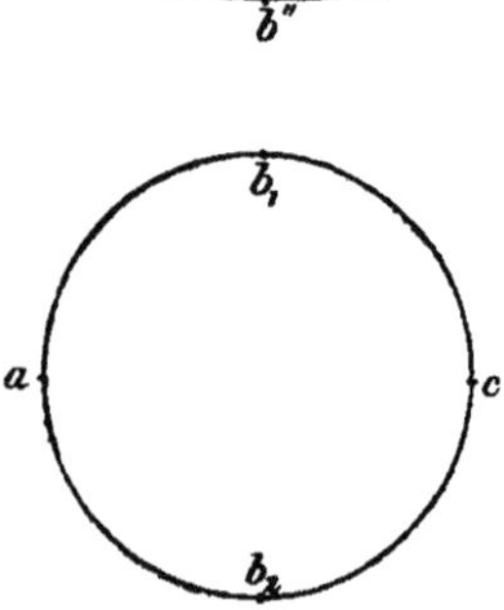

Fig. 20

Wenn in diesem Beispiele Schwingung und Drehung als gleichberechtigte Gegensätze erscheinen, so läßt sich in einem anderen viel allgemeineren Falle zeigen, daß die Schwingung nur ein spezieller Grenzfall der Drehung ist (Fig. 20). Denken wir uns (oberste Figur) einen Punkt von *a* über *b* nach *c*, dann wieder zurück von *c* über *b* nach *a* sich bewegen und so fort, so haben wir eine Schwingung vor uns. Jetzt wollen wir die Bewegung ein klein wenig modifizieren, der Punkt soll nämlich von a über b' nach c gehen und von dort über b'' nach a zurückkehren: da haben wir schon eine Rotation, z. B. auf einer elliptischen Bahn; modifizieren wir immer weiter, so kommen wir schließlich zur Rotation $a b_1$ $c b_2$ a auf einer Kreisbahn. Unter allen Rotationsbewegungen auf dem Kreise und auf Ellipsen von mehr oder weniger gestreckter Gestalt gibt es also nur eine einzige, aus Hin- und Hergang auf gerader Linie bestehende Schwingung; die Schwingung ist der Grenzfall der Drehung. Man bezeichnet deshalb häufig auch Drehung als Schwingung, und zwar als zirkulare, elliptische usw., und im Gegensatz hierzu die eigentliche Schwingung als geradlinige Schwingung.

Amplitude. Eine periodische Bewegung hat eine Reihe charakteristischer Merkmale. Das erste ist die Schwingungsweite oder Amplitude, entweder in Zentimetern oder, wie beim Pendel, im Winkelmaß. Bei den Ton- und Lichtschwingungen hängt von dieser Amplitude, wenn auch nicht von ihr ausschließlich, die Ton- bzw. Lichtstärke ab, derart, daß z. B. von zwei gleich hohen Tönen derjenige der stärkere ist, welcher auf Schwingungen größerer Amplitude beruht.

Periode. Das zweite Merkmal ist die Periode (Schwingungsdauer, Rotationsdauer), d. h. die Zeit, die vergeht, bis der die Bewegung ausführende Punkt wieder denselben Ort einnimmt und dieselbe Bewegung ausführt. Bei der Drehung ist es ohne weiteres einleuchtend, daß die Periode die Zeit einer Umdrehung ist, bei der Schwingung muß ausdrücklich betont werden, daß die wahre Periode die Zeit eines Hin- und Hergangs ist, weil nach einem bloßen Hingange der Punkt an einem anderen Orte ist, und weil er, wenn man, um das zu vermeiden, die Periode in der Mitte, bei a beginnen läßt (Fig. 21), nach Erledigung der beiden Wege 1) und 2) der Punkt zwar wieder in a ist, aber die entgegengesetzte Bewegungsrichtung hat; er muß also erst noch die Strecken 3) und 4) zurücklegen, ehe eine Periode vollendet ist — eine Tatsache, die bei der darunter gezeichneten elliptischen Schwingung von vornherein klar ist. Die Mißachtung dieser Überlegung hat zu großer Verwirrung geführt, wie denn z. B. als Sekundenpendel ein Pendel bezeichnet wird, das zu einem bloßen Hingange eine Sekunde braucht, dessen wahre Periode also zwei Sekunden beträgt. Jeden-

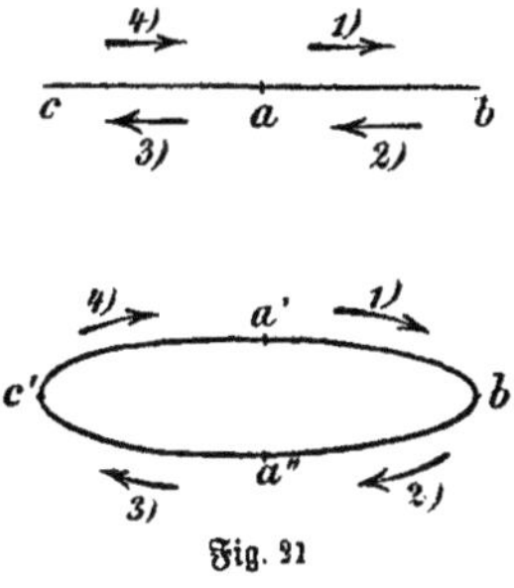

Fig. 21

falls muß man, um jedes Mißverständnis zu vermeiden, zwischen „ganzen" und „einfachen" Schwingungen und Perioden unterscheiden; bei den Tönen z. B. rechnet man bei uns nach ganzen, in Frankreich nach einfachen Perioden, bei uns hat demgemäß der Kammerton eine Periode von $^1/_{435}$, in Frankreich dagegen von $^1/_{870}$ Sekunde.

In vielen Fällen ist es bequemer, nicht die Zeit anzugeben, die eine Umdrehung oder Schwingung erfordert, sondern umgekehrt die Zahl der Umdrehungen oder Schwingungen, die in einer Sekunde stattfinden; diese Zahl nennt man bei Drehungen Tourenzahl, bei Schwingungen Schwingungszahl, allgemein auch Frequenz. Sie ist z. B. bei der obenerwähnten Stimmgabel gleich 435.

In wie zahlreiche Verhältnisse des menschlichen Lebens der Begriff der Periode eingreift und wie kolossal verschiedene Zahlen dabei vorkommen, ergibt sich aus der folgenden Zusammenstellung, die natürlich nur eine sehr kleine Auswahl bietet; (alle Zahlen in Sekunden). Die Länge des Tages und des Jahres, die Höhe der musikalischen Töne, die Farben des Lichtes, die Wechselzahl elektrischer Ströme, alles das und vieles andere gehört hierher. Je größer die Schwingungszahl einer Saite und der zwischen ihr und dem Ohre gelegenen Luftteilchen ist, einen desto höheren Ton hört man: und je größer die Schwingungszahl der überall verbreiteten Ätherteilchen wird, desto mehr rückt die Farbe des Lichtes von rot über orange, gelb, grün und blau nach violett hin; die Grenzen, innerhalb deren überhaupt eine spezifische Sinnesempfindung stattfindet, sind für das Ohr ungefähr 16 und 16000, für das Auge 380 Billionen und 760 Billionen Schwingungen in der Sekunde.

Die kolossale Lücke, die zwischen den höchsten Tönen und den tiefsten Farben, wie man sieht, besteht, wird ausgefüllt teils durch Wärmeschwingungen, die man mit dem Wärmegefühl empfindet und genauer mit dem Thermometer nachweisen kann, teils durch elektrische Schwingungen, für die der Mensch überhaupt keinen Sinn hat, für die es aber sehr ausgebildete Instrumente zum Nachweis und zur Untersuchung gibt. Noch schneller endlich als die Lichtschwingungen sind die photographisch wirksamen und die den Röntgenstrahlen zugrunde liegenden. Man betrachte die folgenden, auf Sekunden bezüglichen Zahlen.

	Dauer	Zahl
Erde um die Sonne (1 Jahr) . . .	31556926	0,00000003169
Mond um die Erde (1 Monat) . . .	2551443	0,000000392
Erde um ihre Achse (1 Tag)	86400	0,000011574
Stundenzeiger	43200	0,00002315
Minutenzeiger	3600	0,0002778
Größte Meereswogen	30	0,0333
Größtes Schwungrad	10	0,1
Mittlere Wasserwellen	3	0,33
Sekundenpendel	2	0,5
Kräuselwellen	0,2	5
Tiefster Ton	0,06	16
Orchester-a	0,02030	435
Längste elektr. Induktionsschwingung	0,0001	10000
Höchster Ton	0,00006	16000
Funkenschwingung einer Leydener Flasche	—	1 Million
Mittlere Hertzsche Schwingung . .	—	1 Milliarde
Schnellste elektrische Schwingung . .	—	50 Milliarden
Langsamste Wärmeschwingung . . .	—	50 „
„ Lichtschwingung	—	350 Billionen
Schwingung in Kochsalzflamme (gelb)	—	510 „
Schnellste Lichtschwingung	—	880 „
„ phot. Schwingung	—	3000 „
„ Röntgenschwingung . . .	—	10 Trillionen

Die Phase. Das dritte Merkmal einer Schwingung ist ihre Phase oder, gleich besser ausgedrückt, die Phasendifferenz zwischen zwei schwingenden Punkten. Das soll heißen: der zweite Punkt beginnt seine Schwingung um eine bestimmte Zeit später als der erste. Sind die Perioden beider Punkte gleich, so wird die Phasendifferenz offenbar immer die anfängliche bleiben; sind sie dagegen verschieden, so wird der eine Punkt den andern nach und nach einholen oder immer mehr hinter ihm zurückbleiben, die Phasendifferenz wird sich also fortwährend ändern, und in gewissen Momenten wird sie geradezu verschwinden.

Die Phasenverschiedenheit der Schwingungen ist eine so markante Eigenschaft, daß man sich eigentlich über ihre geringe Bedeutung bei manchen Schwingungserscheinungen wundern muß: so ist z. B. noch immer nicht mit Sicherheit nachgewiesen worden, ob die Phase einen Einfluß auf die Töne oder auf die Lichtarten ausübt; in anderen Gebieten wiederum ist die Phase von großer Wichtigkeit, und es braucht hier nur an die Elektrotechnik erinnert zu werden, in der die Ein-, Zwei- und Mehrphasenströme eine große Rolle spielen.

Die Geschwindigkeitsverteilung. Man könnte meinen, daß mit den obigen drei Merkmalen eine Schwingung vollständig charakterisiert sei. Daß dem aber nicht so ist, lehrt die nähere Betrachtung der schwingenden Bewegung des Punktes a. Selbst wenn die Amplitude ab (oder ab') und die Schwingungsdauer gegeben ist (Fig. 22), ist noch gar nichts darüber gesagt, wie schnell der Punkt die einzelnen Stücke einer Schwingung durchläuft; er kann z. B. von b nach b' und zurück nach b mit fortwährend gleicher Geschwindigkeit sich bewegen, oder er kann in b sehr langsam anfangen, allmählich immer schneller werden, am schnellsten durch a hindurchgehen, dann wieder immer langsamer werden, in b' einen, wenn auch noch so winzigen Moment stehen bleiben, dann umkehren, wieder schneller werden, am schnellsten wieder durch a hindurchgehen und schließlich wieder ganz langsam in b eintreffen; oder er kann umgekehrt an den Enden schnell, in der Mitte langsam laufen, oder er kann unterwegs wiederholt schneller oder langsamer werden usw.; mit einem Worte: die Geschwindigkeitsverteilung während einer Hin- und Herschwingung kann sehr verschiedenartig sein; sie ist das vierte Charakteristikum einer Schwingungsbewegung. Zur Veranschaulichung dieser Verhältnisse ist eine Methode außerordentlich geeignet, die man graphische oder chronographische Auflösung nennt und die darin besteht, daß man sich, während der Punkt von b nach b' schwingt, das Papier gleichförmig nach links fortbewegt denkt, ohne daß der Punkt selbst an dieser Bewegung teilnehmen soll; zur praktischen Ausführung könnte man z. B. an dem schwingenden Kügelchen einen kleinen Schreibstift befestigen oder man könnte das Papier photographisch empfindlich machen und das Kügelchen sich leuchtend vorstellen, oder der Punkt selbst könnte als rußend vorgestellt werden, so daß er direkte Spuren auf dem vorbeigleitenden Papiere hinterließe. Was wird nun die Wirkung sein? Wenn der Punkt selbst ruht, wird auf dem nach links vorbeigleitenden Papiere offenbar ein horizontaler Strich nach rechts erscheinen, wenn er sich dagegen nach oben bewegt, wird ein nach rechts ansteigender, wenn er sich nach unten bewegt, ein nach rechts abfallender Strich erscheinen; je schneller der Punkt nach oben oder unten schwingt, desto steiler wird die ansteigende oder abfallende Linie sein, bei gleichförmiger Bewegung des Punktes wird die steigende oder fallende Linie geradlinig, bei ungleichmäßiger Bewegung wird sie gekrümmt sein. In dem ersten der

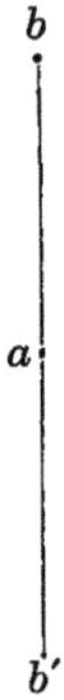

Fig. 22

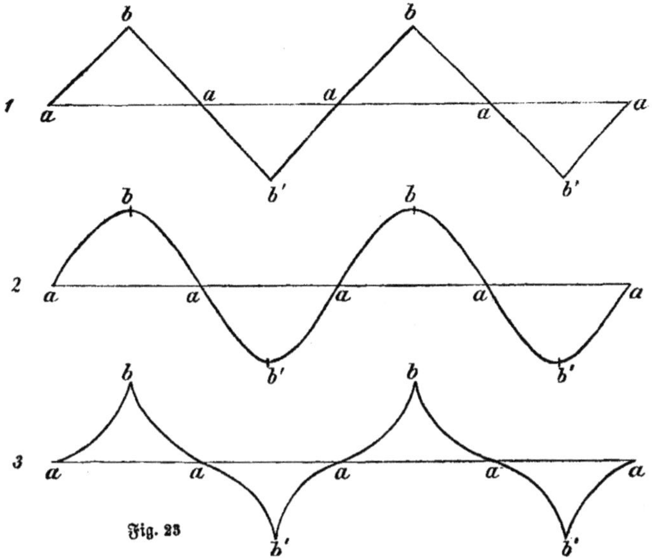

Fig. 23

obenerwähnten Fälle von Geschwindigkeitsverteilung, d. h. wenn der Punkt mit immerfort gleicher Geschwindigkeit von *b* nach *b'* und zurück schwingt, wird man eine gerade symmetrische Zackenlinie (Fig. 23, Nr. 1) erhalten; wenn er dagegen durch die Mitte am schnellsten fährt, nach den Enden zu immer langsamer und an den Umkehrpunkten ganz langsam läuft, wird man eine geschwungene Wellenlinie erhalten (Fig. 23, Nr. 2); wenn er sich in der Mitte am langsamsten, an den Enden am schnellsten bewegt, wird man die dritte Kurve bekommen. Auf diese Weise kann man alle möglichen periodischen Kurven erhalten, mit Zacken und Spitzen, Wölbungen und Einbiegungen, kurzum in all der Mannigfaltigkeit, deren krumme Linien überhaupt fähig sind. Dabei wird zugleich auch die Amplitude und die Periode in sehr einfacher Weise zur Anschauung gebracht, erstere durch die höchsten Erhebungen der Kurve über oder ihre tiefsten Einsenkungen unter die Ruhelinie, letztere durch den Zeitwert der horizontalen Strecke von einem Durchgang der Kurve durch die Ruhelinie bis zum zweitnächsten (bis zum nächsten ist nur eine halbe Periode).

Wenn wir nun fragen: was hat diese Geschwindigkeitsverteilung, also diese Form der graphischen Kurve für eine physikalische Bedeutung? so halten wir uns am besten an das Beispiel der Tonschwingungen. Denken wir uns zwei Töne von gleicher Dauer der einzelnen Schwingungen, aus denen sie bestehen, also von gleicher Tonhöhe, und von gleicher Schwingungsweite, also von gleicher Tonstärke, so haben wir sicherlich noch immer nicht zwei identische Töne vor uns; denn der eine kann ja ein Geigenton und der andere ein Trompetenton, oder der eine ein Klavierton und der andere ein Stimmgabelton sein. Das Eigentümliche, wodurch wir diese Töne, auch wenn sie dieselbe Höhe und Stärke haben, sofort und mühelos unterscheiden, nennen wir ihren **Klang** oder ihre **Klangfarbe**. Man wird also fast von selbst auf die Vermutung geführt, der Klang der Töne möchte durch die Gestalt der graphisch aufgelösten Schwingungsbahn, durch die graphische Kurve bedingt sein. In der Tat ist diese Ansicht schon vor längerer Zeit aufgestellt worden (Seebeck), und damit wäre die Angelegenheit vermutlich erledigt gewesen, wenn nicht fast gleichzeitig eine andere Erklärung des Klanges aufgetaucht wäre (Ohm), die von ganz anderer Natur war und sich auf die Erfahrung, auf die direkte Wahrnehmung des Ohres stützen konnte. Wenn man nämlich Töne verschiedener Instrumente erzeugt und aufmerksam hinhört, so vernimmt man, besonders nach einiger Übung im Sinne der Beobachtung der Details, außer dem Hauptttone noch einige andere Töne; im ganzen sind das bei demselben Hauptttone für alle Instrumente immer wieder dieselben Töne, nämlich diejenigen, deren Schwingungszahl zweimal, dreimal, viermal usw. so groß ist wie die des Hauptttones, und die man deshalb die harmonischen Obertöne des Grundtones nennt. Der Unterschied bei den verschiedenen Instrumenten ist nur der, daß die Stärke der Obertöne sehr verschieden ist, wozu auch gehört, daß bei dem einen alle vorkommen, bei dem andern einige, bei einem dritten viele von ihnen ganz fehlen (also die Stärke null haben). Mit Hilfe von sog. Resonatoren kann man diese Obertöne der Musikinstrumente noch besonders herausheben, so daß über ihre Existenz und ihre Wichtigkeit kein Zweifel bestehen kann. Aber noch mehr: Grundton und Obertöne, jedes für sich, haben gar nicht mehr die spezifische Klangfarbe des betreffenden Instrumentes, sie sind vielmehr sozusagen ganz farblos, sie klingen wie Stimmgabeltöne, und von diesen weiß man, daß sie fast gar keine Obertöne haben. Nach alledem läßt sich die Schlußfolgerung kaum abweisen, daß der Klang der Töne auf der Stärke der Obertöne beruht, und somit scheint unsere erste Hypothese, wonach der Klang von der Gestalt der graphischen Kurve abhängen sollte, hinfällig zu sein. Daß dem nicht so ist, daß vielmehr beide Erklärungen geradezu dasselbe besagen, nur in anderer Ausspruchsweise, ist eine der schönsten Entdeckungen der Physik des neunzehnten Jahrhunderts. Wenn die zweite Erklärung richtig wäre, würde das besagen, daß ein Luftteilchen, wenn es von dem Tone eines Instrumentes getroffen wird, gleichzeitig mehrere

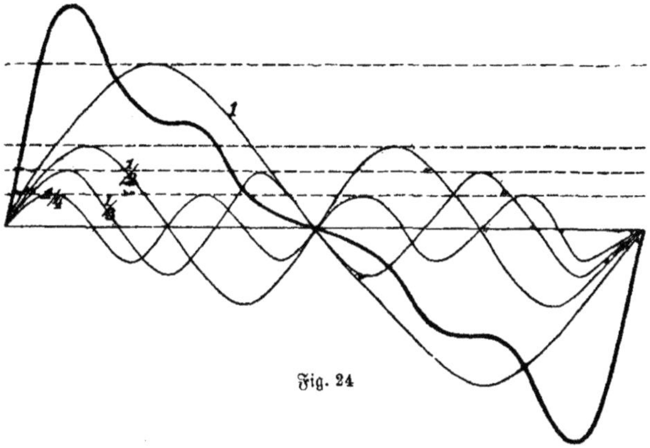

Fig. 24

Schwingungen ausführt, die sich nach dem Unabhängigkeitsprinzip summieren, und von denen jede eine den Stimmgabelschwingungen ähnliche, einfache Schwingung ist, eine Schwingung, die man, da auch das einfache Pendel ganz analoge ausführt, häufig auch Pendelschwingung oder, wegen der graphisch erhaltenen Kurve, auch Sinusschwingung nennt. Solcher Sinusschwingungen führt nun das Luftteilchen gleichzeitig mehrere aus, eine Grundschwingung, eine erste Oberschwingung mit doppelter Schwingungszahl, so daß bei der graphischen Auflösung die Sinuswellen nur halb so lang werden, eine zweite mit Wellen von ein Drittel der Länge usw., und jeder von diesen Wellenzügen hat eine bestimmte, der Stärke des betreffenden Teiltones entsprechende Wellenhöhe (Amplitude). Diese Wellen sind in der Figur alle von demselben Anfangspunkte aus gezeichnet, und zwar für den in der Wirklichkeit häufigsten Fall, daß die Obertöne, vom ersten angefangen, zum zweiten usw. immer schwächer, die Wellen also, indem sie kürzer werden, auch immer niedriger werden. Will man nun die wahre

Bewegung des Luftteilchens erhalten, so muß man offenbar alle diese Kurven übereinander häufen, wobei man natürlich an Stellen, wo einzelne Wellen Täler haben, diese Täler nicht darüber häufen, sondern im Gegenteil abziehen muß. Auf diese Weise erhält man eine Kurve von ganz anderer als der Sinusgestalt, die in der Fig. 24 stark gezeichnete Kurve, die sich bei jeder folgenden Schwingung genau so wiederholt. Demgemäß entspricht ihr auch ein Ton, der aber kein Stimmgabelton, sondern ein Ton mit eigentümlicher Klangfarbe ist, und wir sind somit, indem wir von der zweiten Erklärung ausgingen, zur ersten zurückgelangt, wir haben gesehen, daß es ganz dasselbe bedeuten soll, ob man nun sagt: der Klang beruht auf der Art der Geschwindigkeitsverteilung des schwingenden Punktes während einer Schwingung, oder ob man sagt: er beruht auf der Stärke der der Hauptschwingung beigesellten Nebenschwingungen.

Schwingungsform. Das fünfte und letzte Charakteristikum einer Schwingungsbewegung ist die Bahn, die der Punkt während einer Schwingung beschreibt. In den letzten Betrachtungen wurde diese Bahn der Einfachheit halber als eine hin- und hergehende gerade Linie angenommen, eine solche Schwingung heißt *geradlinige* Schwingung; andere Schwingungen sind die *kreisförmige*, die *elliptische*, die Schwingung in einer der Ziffer 8 ähnlichen Bahn usw. Überhaupt kann jede in sich zurückkehrende Kurve eine Schwingungskurve sein. In die unübersehbare Mannigfaltigkeit dieser Formen kann man nun in sehr einfacher Weise Ordnung bringen, wenn man das Unabhängigkeitsprinzip anwendet, und zwar in der Weise, daß man annimmt, der Punkt führe gleichzeitig zwei aufeinander senkrechte geradlinige Schwingungen aus, eine von oben nach unten, die andere von links nach rechts. Je nach dem Perioden-, Amplituden-, Phasen-, und Geschwindigkeitsverteilungs-Verhältnis, in dem die beiden Komponenten stehen, ergibt sich eine andere Resultante; einige typische Beispiele sind in Fig. 25 veran-

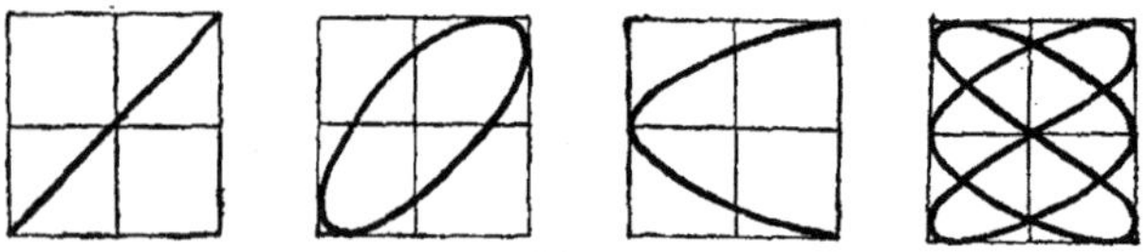

Fig. 25

schaulicht. Alle diese Schwingungskurven oder Lissajousschen Figuren kann man mit einfachen Apparaten direkt hervorrufen und beobachten, z. B. an einem an geeignetem Faden aufgehängten Trichter, aus dem man feinen Sand auslaufen läßt, während er schwingt, oder mit zwei Stimmgabeln, deren leuchtende Zinkenenden man mit einem Mikroskop beobachtet.

Dämpfung. Mit den obigen fünf Merkmalen (Schwingungsdauer, Schwingungsweite, Phase, Geschwindigkeitsverteilung und Schwingungsform) ist die Charakteristik einer eigentlichen Schwingung, einer streng periodischen Bewegung, im wesentlichen erschöpft. Aber solche streng periodische Bewegungen kommen in der Natur nur in gewissen Fäl en vor: erstens bei den Bewegungen der Weltkörper im freien Weltraume, z. B. bei der Bewegung der Erde um die Sonne, des Mondes um die Erde, der Erde um ihre Achse, und zweitens bei denjenigen Bewegungen auf der Erdoberfläche, welche durch dauernde Kräfte aufrechterhalten werden, z. B. den Umdrehungen der Schwungräder in den Fabriken und den Schwingungen des Lichtäthers in der Umgebung

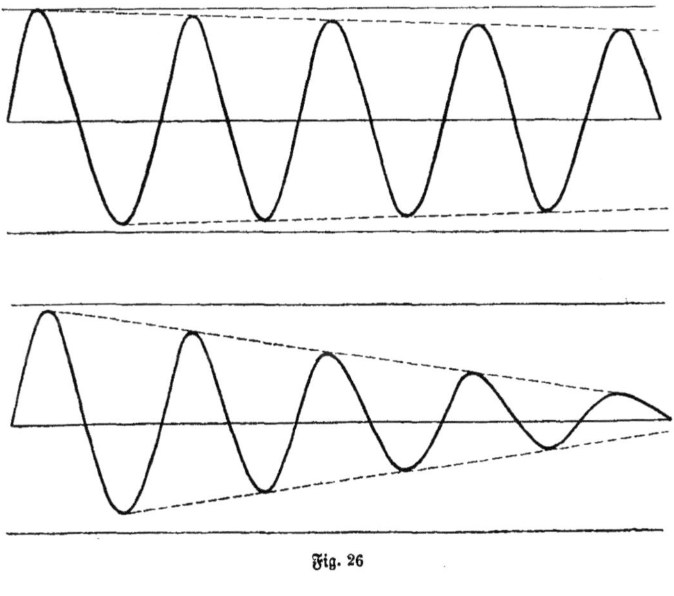

Fig. 26

einer Flamme. Alle diejenigen Bewegungen hingegen, welche einmal erzeugt und dann sich selbst überlassen werden, weichen, wenn sie überhaupt periodisch sind, doch in einer Hinsicht stets von der strengen Periodizität ab: sie werden allmählich schwächer, ihre Amplitude nimmt von Schwingung zu Schwingung, sei es schnell, sei es langsam, ab. Diese Erscheinung, die eine Folge der sogenannten Reibung ist (und zwar sowohl der Reibung der schwingenden Körper an dem umgebenden Medium, als auch ihrer einzelnen Teilchen aneinander), nennt man die Dämpfung der Schwingung, und das Verhältnis einer Amplitude zur folgenden nennt man das Dämpfungsverhältnis; letzteres ist bei vielen Schwingungen annähernd konstant, d. h. die erste Amplitude steht zur zweiten in demselben Verhältnis wie die zweite zur dritten usw. Bei jedem Pendel kann man diese Dämpfung beobachten und feststellen, daß sie in Luft verhältnismäßig klein, in Wasser unvergleichlich größer ist; ebenso tönt eine Stimmgabel in Luft lange Zeit, wenn auch immer schwächer, dagegen verlöscht ihr Ton, wenn man sie nach dem Anschlag in Wasser bringt, in außerordentlich kurzer Zeit. Denkt man sich die Schwingungen eines Punktes wieder der Einfachheit halber geradlinig auf- und abgehend und löst sie wieder auf dem nach links vorbeigleitenden Papiere auf, so erhält man das obenstehende Bild (Fig. 26) einer schwach gedämpften und einer stark gedämpften Schwingung. Es kann sogar schließlich die Dämpfung so stark sein, daß, wenn der Punkt (Fig. 27) von seiner natürlichen Lage *a* nach *b* gegangen ist und nun zurückkehrt, er allmählich immer langsamer zurückkehrt und schließlich, ohne überhaupt über *a* hinaus nach unten zu gehen, in *a* zur Ruhe kommt, so daß man die danebenstehende graphische Kurve erhält; eine solche Bewegung nennt man aperiodisch, sie hat eine große praktische Bedeutung für alle Apparate, bei denen man die Ruhelage eines schwingenden Körpers, z. B. einer Kompaßnadel oder eines Druckzeigers beobachten und nicht solange warten will, bis seine andernfalls vielleicht sehr schwach gedämpften Schwingunaen endlich zur Ruhe kommen.

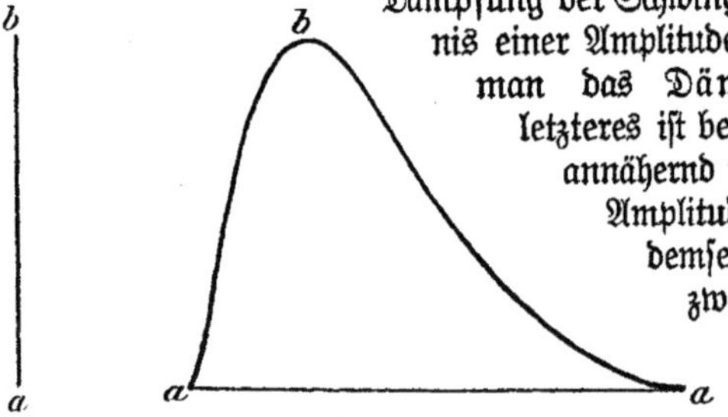

Fig. 27

V. Die Wellenbewegung und die Strahlung.

Wie die Wurzel zum Baum, so verhält sich die Schwingungsbewegung zur Wellenbewegung. Wo immer eine Schwingungsbewegung entsteht oder besteht, pflanzt sie sich durch den Raum fort und erzeugt damit eine Wellenbewegung, sei es, daß dieser Raum von Luft und Wasser, von Stahl oder vom Material der Darmsaiten, sei es, daß er, allem Anscheine nach, leer ist — ein Fall, in dem wir, um uns die Wellenbewegung begreiflich zu machen, irgendeine Hypothese machen müssen, z. B. die eines den Raum erfüllenden feinen Substrats, des Weltäthers, oder die mehr abstrakte eines Energiefeldes. Wir wollen diese Wellenbewegung nun untersuchen und mit ihren möglichen Arten und Formen beginnen.

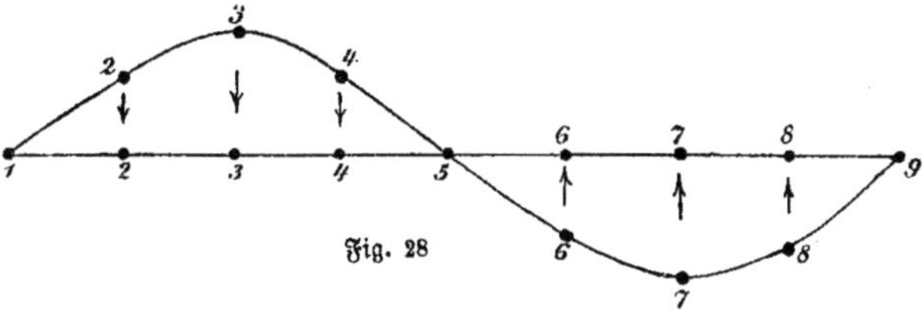

Fig. 28

Quer- und Längswellen.[5] Denken wir uns einen eindimensionalen Körper, also eine aus Masse bestehende Linie, am einfachsten eine gerade horizontale Linie; sie soll biegsam sein, und ihr Anfangspunkt soll abwärts und aufwärts schwingen. Da er mit dem Nachbarpunkte zusammenhängt, wird er diesen mit sich fortreißen und ihn hierdurch ebenfalls zu Schwingungen veranlassen, zu Schwingungen, welche die gleiche Periode, aber eine etwas nachhinkende Phase haben werden; dasselbe wird vom zweiten Punkte in seinem Einfluß auf den dritten gelten usw. In dem Momente also (Fig. 28), wo der erste Punkt, nachdem er unten angelangt, wieder durch den Ausgangsort hindurchgegangen, oben umgekehrt und wieder an den Ausgangsort zurückgelangt ist, in dem Momente also, wo er eine ganze Schwingung ausgeführt hat, ist der zweite Punkt noch nicht ganz fertig (er ist noch auf dem Rückwege von oben), der dritte erst recht nicht, ein weiterer (in der Figur der 5.) ist gerade von untenher in seine normale Lage zurückgekehrt, hat also eine halbe Schwingung hinter sich, und schließlich kommen wir zu einem Punkt in der Punktreihe (in der Figur der 9.), der eben erst im Begriff steht, seine Schwingung zu beginnen. Die gerade Linie hat sich also in eine Wellenlinie verwandelt von ganz entsprechender Gestalt wie unsere früheren chronographischen Auflösungskurven, nur daß diese für einen einzigen Punkt eine bildliche Darstellung seiner Schwingungen bedeuten, während wir es hier mit einem wirklichen Gebilde zu tun haben, daß es sich also dort um eine zeitliche Folge von Orten desselben Punktes, hier um ein räumliches Nebeneinander von Lagen, die verschiedene Punkte gleichzeitig einnehmen, handelt. Man nennt eine solche Kurve eine Welle, und die Strecke zwischen zwei Punkten, die gerade um eine ganze Schwingung zeitlich abweichen, die also wieder dieselbe Phase haben, eine Wellenlänge; in der Mitte zwischen diesen beiden Punkten befindet sich ein Punkt, der gerade eine halbe Schwingung vollendet hat, der also in unserem Falle ebenfalls gerade wieder in seiner ursprünglichen Lage sich befindet; er teilt die Welle in zwei Halbwellen, von denen die eine der Wellenberg, die andere das Wellental heißt, und deren Höhe bzw. Tiefe mit der Amplitude der erregenden Schwingung übereinstimmt.

Das Charakteristische in dieser Welle ist offenbar, daß die Schwingungsrichtung aller Punkte auf der Linie, zu der sie gehören, senkrecht steht; eine solche Welle nennt man Quer- oder Transversalwelle, die betreffenden Schwingungen Quer- oder Transversalschwingungen. Den Gegensatz hierzu bilden die Längs- oder Longitudinal-Schwingungen bzw. -Wellen, bei denen die Schwingungsrichtung der einzelnen Punkte in die Linie selbst fällt. In der Figur sind für den ursprünglichen und den nachherigen Zustand der Deutlichkeit halber zwei verschiedene Linien gezeichnet. Wenn der erste Punkt nach rechts schwingt, so veranlaßt er den Nachbarpunkt infolge seines Zusammenhanges mit ihm ebenfalls nach rechts zu schwingen, wenn auch um eine gewisse Phase später, dasselbe gilt vom zweiten und dritten Punkte usw. Hat der erste Punkt eine ganze Hin- und Herschwingung vollendet, so sind die sämtlichen anderen Punkte bis zu demjenigen, der wieder gerade eine Wellenlänge entfernt ist, noch mit ihrer ersten Schwingung beschäftigt, der letztgenannte Punkt will sie sogar erst beginnen (Fig. 29).

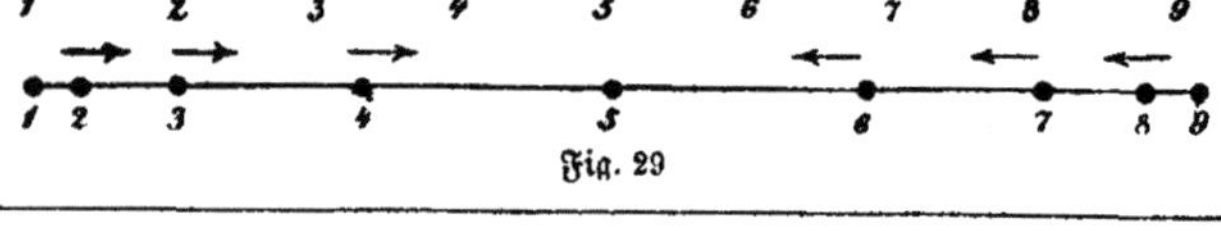

Fig. 29

Man sieht, daß sich hier nicht Berg und Tal, sondern *Verdichtung* und Verdünnung herausbildet. Auch hier besteht eine Welle aus zwei Hälften, einer Verdichtungshälfte links und rechts und einer Verdünnungshälfte in der Mitte, und man kann bildlich die Verdichtungshälfte auch hier den Wellenberg, die Verdünnungshälfte das Wellental nennen; wollte man auch hier die Verdichtung links, die Verdünnung rechts haben, so müßte man eine andere Phase herausgreifen oder, was auf dasselbe hinauskommt, die Punkte 8 und 9 nach links von 1 verlegen.

Polarisation. Zwischen Längsschwingungen und Querschwingungen besteht übrigens ein wesentlicher Mannigfaltigkeitsunterschied. Es gibt für eine gegebene Linie nur eine einzige Richtung von Längsschwingungen, nämlich die Richtung der Linie selbst, dagegen gibt es unendlich viele Richtungen von Querschwingungen (Fig. 30), nämlich alle auf der Linie senkrechten Richtungen; die Punkte einer horizontalen, von links nach rechts laufenden Linie können z. B. von oben nach unten (*a*), oder sie können von vorn nach hinten (*b*, perspektivisch anzusehen) oder schräg von vorn oben nach hinten unten schwingen usw. Noch mehr, während die Längsschwingungen immer geradlinig sind, können die Querschwingungen auch kreisförmig (*c*) oder elliptisch usw. sein. Dieser Gegensatz bringt es mit sich, daß die Querschwingungen ungleich mannigfaltiger sind als die Längsschwingungen und daß es für sie eine Gruppe von sehr interessanten Erscheinungen gibt, die bei den Längsschwingungen fehlen: die Polarisationserscheinungen, d. h. die Erscheinungen, die eben dadurch bedingt sind, daß die Richtung der Querschwingungen eine ganz bestimmte ist. Als typisches Beispiel für diesen Gegensatz können die Schallwellen, die von den tönenden Körpern durch die Luft in unser Ohr, und die Lichtwellen, die von den leuchtenden Körpern durch den Äther in unser Auge gelangen, dienen. Die Schallwellen in der Luft

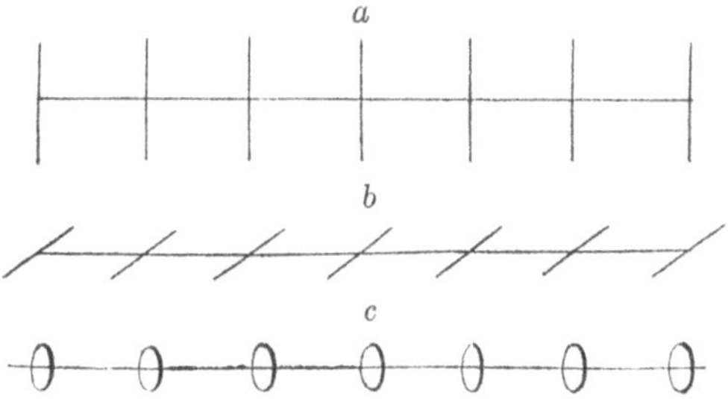

Fig. 30

sind longitudinal, sie bieten daher in dieser Hinsicht nichts Neues dar, die Lichtwellen dagegen sind transversal, sie sind also entweder in einer bestimmten Schwingungsrichtung polarisiert, oder, wie das bei den meisten Lichtquellen angenommen werden muß, sie sind unpolarisiert, d. h. die verschiedenen Ätherteilchen, die zwischen der Lichtquelle und unserem Auge liegen, schwingen nach allen möglichen Richtungen, die auf der Richtung Flamme-Auge senkrecht stehen; solches Licht nennt man im Gegensatz zum polarisierten natürliches Licht. Es gibt also nur eine Art Schall, dagegen viele Arten Licht: natürliches, geradlinig polarisiertes, kreisförmig polarisiertes, elliptisch polarisiertes usw.

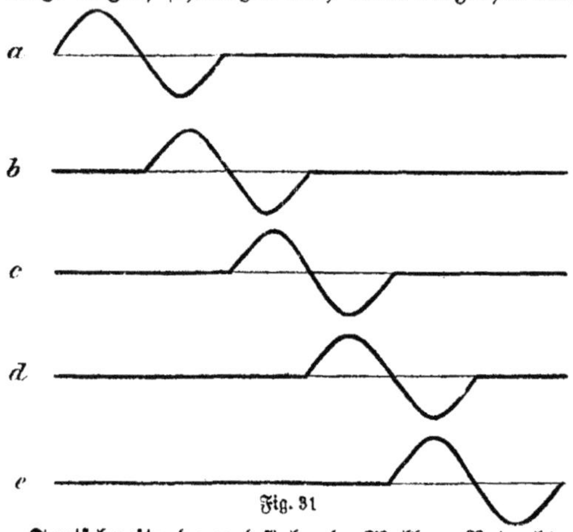

Fig. 31

Fortschreitende und stehende Wellen. Betrachten wir jetzt eine Welle, z. B. eine transversale (es könnte aber ebensogut eine longitudinale sein), etwas näher, und zwar zunächst für den einfachen Fall, daß der die Welle erregende Punkt nur eine einzige ganze Schwingung ausführt, dann aber wieder zur Ruhe kommt. Nach dieser Zeit hat sich die Welle um eine Wellenlänge ausgebreitet, der übrige Teil der Linie ist noch unberührt von ihr (Zustand *a*, Fig. 31). Nach einiger Zeit sind auch die dem Anfangspunkt benachbarten Punkte wieder zur Ruhe gekommen, dafür sind aber rechts einige neue Punkte in die Bewegung hineingezogen worden, man hat also den Zustand *b*; wieder nach einiger Zeit hat man *c* usw., schließlich *e*. Man sieht, die Welle ist allmählich fortgeschritten, sie hat die ganze Linie durchlaufen. Man nennt daher eine solche Welle eine f o r t s c h r e i t e n d e W e l l e, und zwar handelt es sich in diesem Falle um eine fortschreitende „E i n z e l w e l l e". Aber an dem fortschreitenden Charakter der Wellenbewegung ändert sich nichts, wenn wir jetzt annehmen, der Anfangspunkt komme nach der ersten

Schwingung nicht zur Ruhe, sondern fahre fort zu schwingen; dann bekommen wir einen fortschreitenden **Wellenzug** von der Art, wie wir ihn auf einer vom Winde bewegten Wasserfläche so schön beobachten können, oder wie wir ihn erhalten können, wenn wir ein loses Seil, dessen Ende weit entfernt ist, am Anfang in Schwingungen versetzen. Es braucht wohl nicht erst betont zu werden, daß, wenn diese Wellen „fortschreitende" genannt werden, wiederum nur gemeint ist, daß die Welle fortschreitet, nicht etwa die Stoffteilchen, deren Schwingungen ihnen zugrunde liegen; diese schwingen wohl hin und her, bleiben aber im übrigen an ihren Orten.

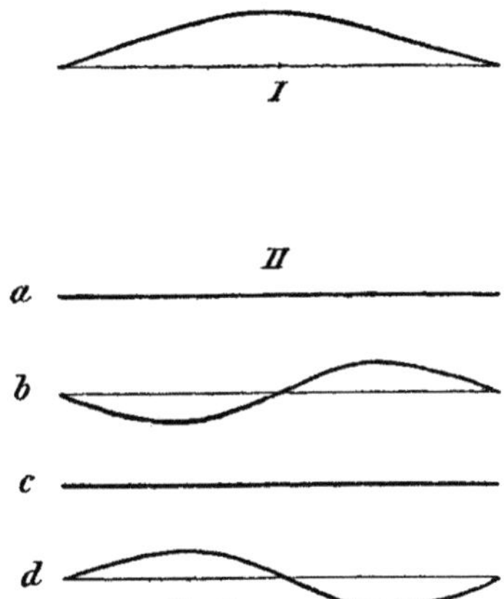

Fig. 32

Ganz anders ist die Wellenbewegung einer zwischen zwei festen Punkten fest ausgespannten Saite, die man etwa in der Mitte durch Zupfen in Schwingungen versetzt (Fig. 32, I), oder, was vielleicht zum Vergleich mit dem früheren Falle noch geeigneter ist, eine Saite, die man in der Mitte leicht mit dem Finger berührt und in $^1/_4$ ihrer Länge durch Zupfen erregt (Fig. 32, II). Sie geht aus der geradlinigen Gestalt *a* allmählich in die Gestalt *b*, dann wieder in die geradlinige *c*, dann in *d* über und kehrt schließlich wieder in die geradlinige Gestalt zurück, um das Spiel dann von neuem zu wiederholen. Die Welle schreitet also nicht fort, sie bleibt stehen und heißt deshalb **stehende Welle**; und während bei der fortschreitenden Welle für jeden Punkt einmal der Moment kommt, wo er die ganze Amplitude der Schwingung aufnimmt, hat hier im Falle I nur ein einziger Punkt (der Miitelpunkt), haben im Falle II nur zwei Punkte (in $^1/_4$ und in $^3/_4$ der Saite) die maximale Amplitude, die übrigen müssen sich fortwährend mit geringeren Amplituden begnügen, und einige Punkte, bei I die beiden Enden, bei II außerdem noch die Mitte, schwingen überhaupt nicht, sie bleiben dauernd in Ruhe. Man nennt die Punkte mit größter Schwingungsweite **Schwingungsbäuche**, diejenigen, welche ganz in Ruhe bleiben, **Schwingungsknoten**; solche ausgezeichnete Punkte gibt es also nur bei den stehenden Wellen. Auf die Frage: wie groß ist die Wellenlänge? ist bei den fortschreitenden Wellen zu antworten: es ist die Strecke, um welche die Welle fortschreitet, während der Anfangspunkt eine ganze Schwingung ausführt; bei den stehenden Wellen lautet dagegen die Antwort: es ist die Strecke von einem Knoten über den nächsten Knoten hinweg (halbe Welle) bis zum zweitnächsten Knoten; die Strecke von einem Knoten zu einem Bauche oder umgekehrt ist also ein viertel Wellenlänge.

In allen Gebieten der physikalischen Erscheinungen gibt es stehende und fortschreitende Wellen: Wasserwellen können stehend oder fortschreitend sein; und während die Saite stehende Schallschwingungen ausführt, regt sie die umgebende Luft zu fortschreitenden an, die den Schall unserem Ohre zuführen. Ganz analog verhält es sich beim Licht, dessen fortschreitende Wellen unser Auge erregen; aber erst gegen Ende des 19. Jahrhunderts ist es, mit Hilfe der Photographie, gelungen, stehende Lichtwellen durch das Experiment nachzuweisen (Otto Wiener).

Ebene, zylindrische und Kugelwellen. Zu dem Gegensatz zwischen Quer- und Längswellen, zwischen fortschreitenden und stehenden Wellen ist nun noch eine dritte Mannigfaltigkeit hinzuzufügen. Denken wir uns eine ganze Ebene, z. B. ein Metallblech *ab*, dessen sämtliche Punkte transversal, also senkrecht zur Blechebene, also von links nach rechts schwingen; diese Punkte senden alsdann Längswellen in die Luft hinaus, und wir wollen diejenigen Flächen ermitteln, in denen wieder alle Luftteilchen ebenso wie ursprünglich die Blechteilchen mit gleicher Phase schwingen, also die Flächen, die man Wellenflächen nennt. In unserem Falle ist die Angabe dieser Flächen sehr leicht: es sind offenbar Ebenen, die mit dem Blech parallel laufen und aus denen man diejenigen herausgreifen wird (Fig. 33), die vom Blech um $^1/_4$, $^1/_2$ usw. Wellenlänge abstehen. Eine Welle dieser Art, deren Wellenflächen parallele Ebenen sind, nennt man eine ebene Welle.

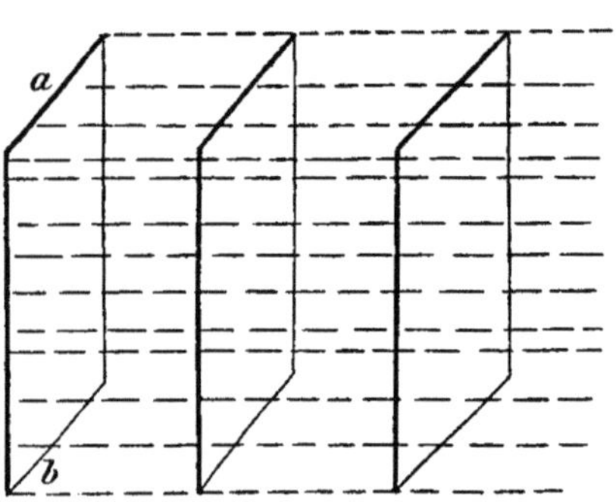

Fig. 33

Denken wir uns als Erreger jetzt statt der Ebene eine gerade Linie, etwa einen Metalldraht, dessen sämtliche Punkte Querschwingungen ausführen, und zwar nicht polarisierte, sondern wieder nach allen Querrichtungen verteilte (Fig. 34). Es laufen alsdann nach allen diesen Richtungen Wellen, und die Wellenflächen werden offenbar Zylinderflächen sein, die den schwingenden Draht zur gemeinsamen Achse haben. Solche Wellen nennt man Zylinderwellen.

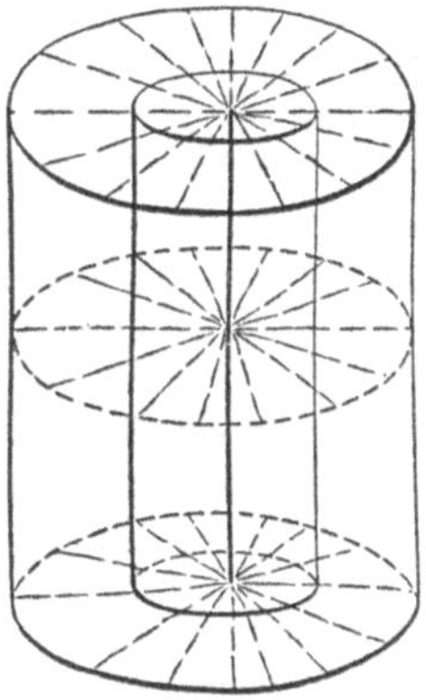

Fig. 34

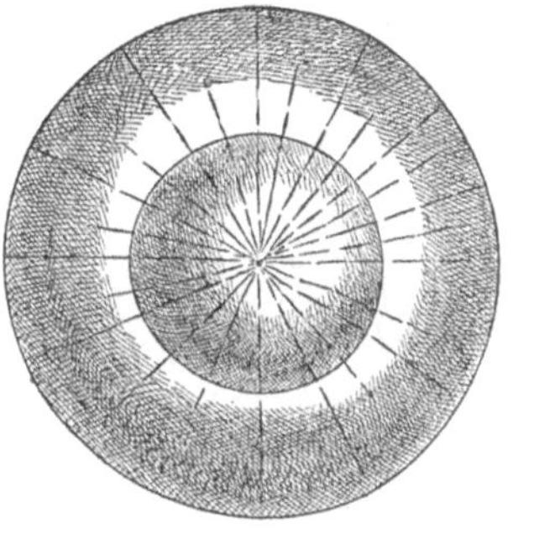

Fig. 35

Hat man endlich als Erreger einen einzelnen Punkt, z. B. ein kleines Metallkügelchen, das wieder nach allen Seiten schwingt (Fig. 35), so bekommt man, was nun wohl ohne weiteres einleuchtend ist, als Wellenflächen Kugelflächen mit dem Punkt als gemeinsamem Mittelpunkt, und solche Wellen heißen sphärische oder Kugelwellen.

Strahlen.[1]) In demjenigen Erscheinungsgebiete, welches die mannigfaltigsten und schönsten von allen Wellenbewegungen enthält, bei den Lichterscheinungen, spricht man im gewöhnlichen Leben nicht von dem Lichtwellenzuge, sondern von dem Lichtstrahl, der in unser Auge gelangt; dieser Ausdruck „Strahl" ist auch in die Wissenschaft übergegangen, und zwar nicht bloß für Lichtstrahlen, sondern auch für Schall-, Wärme- und elektrische Strahlen. Es hat sich aber im Laufe der Entwicklung der

1) Vgl. Börnstein u. Marckwald, Sichtbare und unsichtbare Strahlen. 2. Aufl. (ANuG Bd. 64).

Wissenschaft gezeigt, daß man diesen Begriff nur mit großer Vorsicht anwenden darf, und daß er sich, je schärfer man ihn fassen will, desto mehr verflüchtigt. Eine kurze Betrachtung wird dies zeigen (Fig. 36). Von einem Erregungspunkt *a* gehe eine sphärische Welle aus, die nach einiger Zeit die Kugelfläche 1 erreicht haben möge; dann wäre es am einfachsten anzunehmen, daß sie nach wiederum einiger Zeit die nächste Kugelfläche 2 usw. erreicht, daß also die Erregung, die von *a* z. B. nach *b* gegangen ist, sich in derselben Richtung nach *c* usw. fortpflanzt, und es wäre dann die gerade Linie *abc* in der Tat ein „Strahl". In jeder Richtung würde von *a* ein solcher Strahl ausgehen. Diese Vorstellung stimmt sehr gut, solange die Welle sich ungestört ausbreitet, sie führt aber zu einem falschen Ergebnisse, sobald man ihr Hindernisse in den Weg stellt. Oder anders ausgedrückt: bei der ungestörten Ausbreitung haben wir doch offenbar nicht einzelne Strahlen, sondern ein ganzes kugeliges Strahlenbündel, von dem in der Figur ein Teil nach unten hin angedeutet ist; man könnte nun auf die Idee kommen, aus diesem Bündel einen einzigen Strahl herauszugreifen, indem man hart hinter die zweite Wellenfläche einen undurchlässigen Schirm stellt, der nur ein winziges Loch hat; man sollte erwarten, daß man dann wirklich einen einzelnen Strahl *ad* erhält, da ja alle anderen abgefangen sind. Das ist aber durchaus nicht der Fall, im Gegenteil, jenseits des Loches breitet sich von neuem ein ganzes Strahlenbündel aus, gerade als ob in dem Loche sich ein neues, aber geheimes Erregungszentrum befände. Der Versuch, einen einzelnen Strahl herauszugreifen, ist also gescheitert und würde bei jeder neuen ähnlichen Operation ebenso scheitern. Es gibt gar keine einzelne Strahlen, es gibt nur Strahlenbündel.

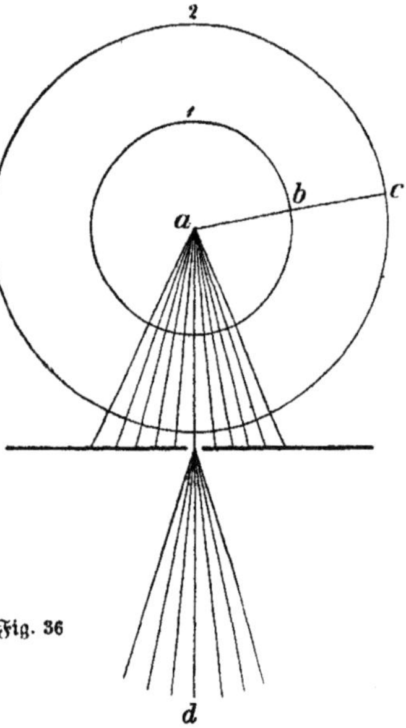

Fig. 36

Wir müssen also die obige einfache Vorstellung aufgeben und im Gegenteil annehmen, daß von den Punkten der hellen Fläche 1 jeder einzelne wieder ein neues Erregungszentrum wird, von dem sich nach allen Seiten eine neue Kugelwelle ausbreitet, wie das teilweise in der Figur angedeutet ist (Fig. 37). Alle diese Kugeln nun werden, wie man sieht, von einer großen Kugel umhüllt, eben der Kugelfläche, die wir vorhin mit 2 bezeichnet haben; für den Fall freier Ausbreitung der Welle kommt also diese kompliziertere Betrachtung auf die frühere einfachere hinaus. Man sieht aber sofort ein, daß unsere jetzige Betrachtung auch für den Fall eines Loches in einem Schirm zu dem richtigen Ergebnis führt, eben weil nach unserer jetzigen Auffassung das Loch ein neues Erregungszentrum einer wiederum sphärischen Welle wird. Auf die Einzelheiten dieser höchst merkwürdigen und mannigfaltigen Erscheinung kann hier nicht eingegangen werden; es sei nur bemerkt, daß man die angedeutete Betrachtungsweise als „Huygensches Prinzip" zu bezeichnen pflegt, und daß die beim Hindurchtreten der Strahlen durch Öffnungen und bei ihrem Vorbeikommen an Rändern auftretenden Ausbreitungs- und Ablenkungserscheinungen den Namen „Beugungserscheinungen" erhalten haben (Beugung der Schall-, Licht-, Wärme- und elektrischen Strahlen). Einen Einfluß haben diese Betrachtungen schließlich auch auf die Lehre von der Schattenbildung (Schallschatten. Lichtschatten, Wärmeschatten usw.), insofern die bekannten geometrischen Schattenformen und Schattengesetze, wie sie aus der Konstruktion der Strahlen sich ergeben, nicht streng richtig sind, sondern durch diejenigen ersetzt werden müssen, die sich aus der Betrachtung der Wellenzüge selbst mit Berücksichtigung ihrer Beugung ergeben.

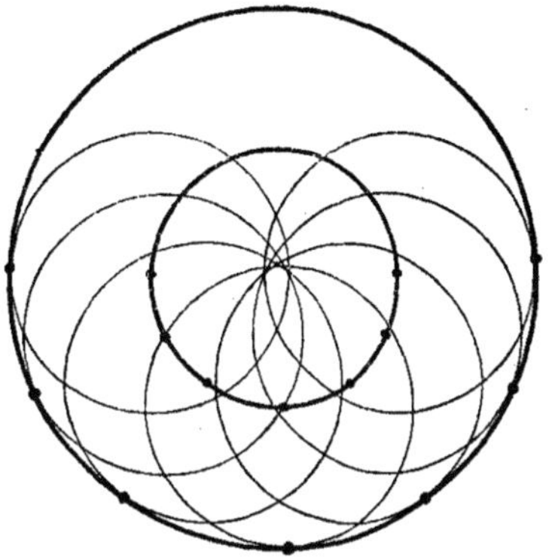

Fig. 37

Entfernungsgesetz der Strahlung. Es ist eine allgemein bekannte Tatsache, daß, je weiter man sich von einer Strahlungsquelle entfernt, ihre Wirkung, also die Lichtstärke, die Wärmeentwicklung, die Tonstärke usw. desto geringer wird; es fragt sich nur: in welchem Maße?

nach welchem Gesetze? Hierauf können wir ohne weiteres die Antwort geben, wenn wir uns erinnern, über was für Flächen sich die Wellenbewegung ausbreitet, und wenn wir das Prinzip aussprechen, daß, über je größere Flächen eine und dieselbe Wellenbewegung sich zerstreut, sie in demselben Maße schwächer wird, auch wenn die Amplitude der einzelnen Schwingung ungeändert bleibt. Bei den ebenen Wellen sind Wellenflächen, wie wir sahen, parallele Ebenen, also sämtlich gleich groß, hier wird also überhaupt keine Abnahme der Intensität eintreten; bei den Zylinderwellen sind die Wellenflächen konzentrische Zylinderflächen, und es ist offenbar eine Zylinderfläche mit doppeltem Radius, also in doppelter Entfernung von der Achse, auch doppelt so groß; hier wird also die Intensität der Strahlung in der doppelten Entfernung nur noch halb, in der dreifachen nur noch ein Drittel so stark sein usw., sie steht, wie man sagt, mit der Entfernung im umgekehrten Verhältnis. Bei den Kugelwellen endlich sind die Wellenflächen konzentrische Kugeln, und hier verhält sich die Sache noch anders: die Kugel mit doppeltem Radius hat nicht die doppelte, sondern die vierfache Fläche, es kann also die Intensität der Strahlung in der doppelten Entfernung nur noch ein Viertel, in der dreifachen nur noch ein Neuntel so stark sein, sie steht hier mit dem Quadrat der Entfernung im umgekehrten Verhältnis. Da die drei betrachteten Fälle sich dadurch unterscheiden, daß die Strahlung im letzten von einem Punkt, im zweiten von einer Linie, im ersten von einer Fläche ausgeht, so kann man auch sagen: die Intensität der Strahlung eines Punktes steht im umgekehrten Verhältnis mit dem Qudrat der Entfernung von ihm, die Intensität der Strahlung einer Linie steht im umgekehrten Verhältnis mit der Entfernung von ihr, und die Intensität der Strahlung einer Fläche ist für alle Entfernungen von ihr dieselbe.

Das gilt aber natürlich nur unter der Annahme, daß die Wellen unterwegs keine Einbuße an Schwingungsweite erfahren; in den meisten Medien findet sie statt, eine Erscheinung, die man „Absorption“ nennt. Findet Absorption statt, so ist natürlich die Abnahme der Strahlung mit der Entfernung in jedem der drei obigen Fälle stärker, als sie nach den dortigen Gesetzen zu erwarten wäre.

Das Strahlungsfeld. Wie wir früher den Raum, in dem Strömung stattfindet, Strömungsfeld, den Raum, in dem Wirbelbewegungen sich abspielen, Wirbelfeld genannt haben, so können wir jetzt einen von Wellenzügen, also von Strahlung erfüllten Raum als „Strahlungsfeld“ bezeichnen. In diesem Feld reiht sich einerseits Wellenfläche an Wellenfläche, die man etwa von viertel zu viertel Wellenlänge zeichnen wird, und die anderseits von den Strahlen durchschnitten werden. Allerdings wird die Sache hier insofern verwickelt, als die Strahlen nicht allgemein auf den Wellenflächen senkrecht stehen; sie tun es in Luft, in Äther, in Wasser, überhaupt in allen Stoffen, die sich in bezug auf ihre physikalischen Eigenschaften nach allen Richtungen gleich verhalten, und die man „isotrop" nennt, nicht aber in den „heterotropen" Stoffen, zu denen namentlich die Kristalle gehören; hier muß man zwischen der Wellennormalen, d. h. der auf der Wellenfläche senkrechten Linie, und dem „Strahl" unterscheiden, und im allgemeinen fallen beide nicht zusammen.

VI. Kraft und Masse.

Kausalitätsprinzip. Eines der tiefsten dem Menschen innewohnenden geistigen Bedürfnisse ist das Kausalitätsbedürfnis, d. h. das Verlangen, die Vorgänge, die sich in ihm und um ihn abspielen, nicht einfach als Tatsachen hinzunehmen, sondern zu erklären, auf Ursachen zurückzuführen. Schon das Kind kennt keine liebere Frage als die Frage: warum? und eine Wissenschaft wird gewöhnlich als auf einem sehr niedrigen Niveau bestehend bezeichnet, solange sie die Ursachen der Erscheinungen ihres Gebiets nicht erklärt oder mindestens zu erklären versucht. Es fragt sich nur, inwieweit eine solche Erklärung wirklich eine Erklärung ist, ob sie wirklich diesen Namen verdient und mit was für einem Namen sie andernfalls fürlieb nehmen muß; und diese Frage ist gerade in der exakten Naturwissenschaft von großer Bedeutung für die Gewinnung einer erkenntnistheoretischen Klarheit, für die Gewinnung eines Standpunktes, der gleichweit entfernt ist von schlapper Entsagung und wissenschaftlichem Dünkel. Kann man die Ursachen der Naturerscheinungen ermitteln? In dieser Form kann man auf die Frage mit demselben Rechte ja wie nein antworten. Man muß die Frage deutlicher stellen, indem man bedenkt, daß die Erscheinungen nächstliegende Ursachen haben, diese aber selbst wieder auf tieferliegende Ursachen zurückgeführt werden müssen, und daß dieser Gedankenprozeß sich immer weiter fortsetzt. Daß die Erscheinungen auf andere, einfachere, ihnen verwandte zurückgeführt und damit in beschränktem Sinne erklärt, d. h. einfacher begreiflich gemacht werden können, ist klar; ob aber die letzten Ursachen aller Dinge ermittelt werden können, das ist eine Frage, die, wenn es überhaupt einen Sinn haben sollte, sie so zu stellen, vielleicht für immer zu verneinen ist.

Impuls und Kraft; Beharrungsvermögen. In unserer Umgebung, in Natur und Praxis sehen wir zahlreiche Vorgänge sich abspielen, Bewegungsvorgänge aller Art, Licht- und Wärmeprozesse, elektrische und magnetische. Halten wir uns der Einfachheit halber an eine dieser Erscheinungsklassen, etwa an die Bewegungserscheinungen, und versuchen wir, diese Bewegungen als Wirkungen von Ursachen aufzufassen. Da würde nun die naive, nächstliegende Auffassung zweifellos die folgende sein: die Ruhe eines Körpers ist die Wirkung gar keiner Ursache; und da das Maß der Bewegung die Geschwindigkeit ist, solange die Bewegung gleichförmig ist, müssen wir die Ursache ebenfalls durch diese Geschwindigkeit messen. Nennen wir die Ursache Kraft, so könnten wir also sagen: eine gleichförmige Bewegung wird erzeugt durch eine konstante, der Geschwindigkeit gleiche Kraft. Es ist dies nichts anderes als die Anwendung eines alten allgemeinen Satzes, der in lateinischer Sprache lautet: causa aequat effectum, zu deutsch: die Ursache ist gleich der Wirkung. Es ist auch einleuchtend, wie man nunmehr eine beschleunigte Bewegung zu erklären hätte, nämlich offenbar durch eine an Größe fortwährend zunehmende Kraft, während eine verzögerte Bewegung die Wirkung einer immerfort abnehmenden Kraft sein würde.

Wo steckt aber diese Ursache, diese Kraft? Kann man sie fühlen, sehen, hören? Kann man ihre reale Existenz irgendwie nachweisen? Eine Umschau über die einfachsten und alltäglichsten Fälle lehrt, daß die Antwort auf diese Frage sehr verschieden ausfallen wird. **Eine** Kraft gibt es, die jeder Mensch selbst empfindet, die er fühlt und die er sich daher durch niemand wegdisputieren lassen wird: das ist seine Muskelkraft, mit der er einen schweren Stein hinwegschleudern oder ein Rad in Drehung versetzen kann. So greifbar sind nun die übrigen Kräfte nicht, aber auch bei ihnen gibt es noch starke graduelle Unterschiede. Die Schwerkraft empfindet man — diesmal nicht aktiv, sondern passiv — am eigenen Körper, wenn man die Beine hebt oder gar auf Berge steigt. Die Dampfkraft kann man weder aktiv noch passiv empfinden; aber man hat beinahe das Gefühl sie zu sehen, wenn sie den Deckel des Kochtopfes hebt oder den Kolben der Maschine in Bewegung setzt. Die magnetische Anziehungskraft endlich ist ein Beispiel für Kräfte, die gänzlich abstrakt sind, die man eingeführt hat, eben um eine Erklärung der magnetischen Bewegung zu geben und die niemand fühlen, sehen oder hören kann, die man eben nur an ihren Wirkungen erkennt, und die daher auch nur so lange Existenzberechtigung haben, als nicht nachgewiesen wird, daß dieselben Wirkungen auch durch andere Ursachen erklärt werden können.

Nach dieser Abschweifung über die Natur der Kräfte kehren wir zur Hauptsache zurück, zur Prüfung des Satzes, daß die Geschwindigkeit das Maß der Kraft sei. Als typisches Beispiel hierfür kann der Eisenbahnzug gelten. Solange die Maschine nicht geheizt ist, steht er in Ruhe; ist sie geheizt und wird der Dampf allmählich eingelassen, so entsteht, entsprechend der wachsenden Dampfkraft, eine beschleunigte Bewegung; und wenn die Dampfkraft konstant geworden ist, fährt auch der Zug mit konstanter Geschwindigkeit; bei der Annäherung an die Endstation stellt sich mit dem Absperren des Hahnes die verzögerte Bewegung ein und schließlich wieder die Ruhe. Freilich, wenn wir genauer prüfen, finden wir, daß die Sache doch nicht stimmt. Denn die Dampfkraft wird nach dem Einlassen des Dampfes sehr bald konstant, aber der Zug beschleunigt seine Bewegung noch längere Zeit hindurch, und bei der Annäherung an die Endstation geht der Zug immer noch weiter, auch wenn man das Dampfventil längst ganz geschlossen hat. Oder, um ein anderes Beispiel zu betrachten, beim Kegeln wird mittels der Muskelkraft nur ein momentaner Stoß erteilt, der in dem Moment, wo die Kugel fortzurollen beginnt, schon aufgehört hat, und doch rollt die Kugel weiter, desto weiter, je glatter die Bahn ist, und man hat den Eindruck, daß sie überhaupt immer weiterrollen würde, wenn die Bahn vollkommen glatt wäre. Unsere naive Auffassung stellt also die Tatsachen, wenn auch nicht gerade falsch, doch nicht in dem richtigen Lichte, nicht in bequemer und unmittelbar brauchbarer Form dar, und es kommt darauf an, eine andere Form zu finden. Diese andere Auffassung, die, seit sie von Galilei und Newton zuerst ausgesprochen worden ist, nun schon seit mehreren Jahrhunderten die Naturwissenschaft beherrscht, ist die folgende:

1. **Ein Körper, auf den keine Kraft wirkt, und auch niemals eine gewirkt hat, oder auf den nur Kräfte wirken oder gewirkt haben, die sich gegenseitig aufheben, ist in Ruhe.**

2. **Ein Körper, auf den keine oder nur gegenseitig sich aufhebende Kräfte wirken, auf den aber früher einmal eine Kraft gewirkt hat, bewegt sich gleichförmig und geradlinig.**

3. **Ein Körper, auf den eine nach Größe und Richtung konstante Kraft wirkt** (und sonst nichts wirkt oder gewirkt hat), **bewegt sich gleichförmig beschleunigt.**

Damit haben wir die drei Fälle von Bewegung kausal dargestellt, die Ruhe als die Wirkung des Fehlens jeder Ursache, die gleichförmige Bewegung als die Wirkung einer früheren, inzwischen weggefallenen Kraft und die beschleunigte Bewegung als die Wirkung einer gegenwärtigen Kraft. Für den zweiten Fall ist der denkbar einfachste Spezialfall, daß der Körper aus der Ruhe durch eine momentan wirkende und gleich wieder aufhörende Kraft in Bewegung gesetzt wird; eine solche Kraft nennt man einen Impuls. Man kann somit sagen: Die Ursache einer Geschwindigkeit ist ein Impuls, die Ursache einer Beschleunigung ist eine Kraft, und nach dem früher Gesagten wird daher der Impuls einfach durch die Geschwindigkeit, die Kraft durch die Beschleunigung gemessen.

Wenn man diese Auffassung annimmt, so ist man genötigt, einen neuen Begriff einzuführen, der eine der Materie zugeschriebene Eigenschaft darstellt: das Beharrungsvermögen oder die Trägheit. Damit ist gemeint die Eigenschaft der Körper, in der gleichförmigen und geradlinigen Bewegung, in der sie sich einmal befinden, zu verharren, auch wenn keine äußeren Ursachen wirksam sind; und es befindet sich darunter auch als Spezialfall die Eigenschaft der Körper, ohne äußere Einwirkung in Ruhe zu bleiben, wenn sie einmal in Ruhe sind.

Aber, so wird man einwenden, wie stimmt diese neue Auffassung mit dem Beispiel des Eisenbahnzuges? Bei der Abfahrt stimmt es sehr gut; denn die nach wenigen Sekunden auf voller Höhe angelangte Dampfkraft erteilt dem Zuge eine beschleunigte Bewegung. Aber die Dampfkraft wirkt doch auch weiterhin noch konstant, und trotzdem erreicht der Zug nach einer halben oder ganzen Minute eine konstante Geschwindigkeit. Nach unserer neuen Auffassung soll konstante Geschwindigkeit stets nur auftreten, wo keine Kraft wirkt oder wo die wirkenden Kräfte sich aufheben; hier wirkt nun sicherlich die Dampfkraft; es muß also, wenn unsere Auffassung nicht hinfällig werden soll, nach einer zweiten Kraft gesucht werden, welche die erste Kraft aufhebt. Solche „Gegenkräfte" oder „Widerstände" führt man in der Tat in allen dem vorliegenden analogen Fällen ein, in unserem Falle ist diese Gegenkraft in der Reibung des Zuges (an den Schienen, in den Räderachsen, an der Luft) zu erblicken, und man hat sich nun den Verlauf folgendermaßen vorzustellen: Beim Ingangkommen des Zuges tritt gleichzeitig mit der Dampfkraft auch die Reibung in Wirksamkeit, wenn auch zunächst nur in schwachem Maße; aber die Reibung wächst mit der Geschwindigkeit der Bewegung, sie holt folglich die gleichbleibende Dampfkraft mit der Zeit an Stärke ein, und von nun an verhält es sich so, als wenn gar keine Kraft mehr wirkte, der Zug läuft gleichförmig. Bei dieser jetzt allgemein angenommenen Auffassung der Naturerscheinungen darf man also, wenn man exakt sein will, auf die Frage: wodurch bewegt sich ein Eisenbahnzug auf freier Strecke? nicht antworten: durch die Dampfkraft (denn diese würde ihn ja beschleunigt bewegen, und sie wird überdies durch die Reibung vernichtet), sondern man muß antworten: durch sein Beharrungsvermögen. Wirklich ist es eine z. B. bei Pferdebahnen bekannte Tatsache, daß die Hauptleistung für die Pferde das Abfahren ist, während auf freier Strecke der Wagen sich fast von selbst weiterbewegt. Solche Reibungs- und Widerstandskräfte machen sich nahezu allenthalben geltend: sie lassen die rollende Kugel zur Ruhe kommen, sie machen den Ton verklingen, sie machen, daß eine konstante Akkumulatorenbatterie nicht, wie es sonst sein müßte, einen immerfort ansteigenden elektrischen Strom, sondern nur einen komstanten Strom erzeugt, indem der Überschuß, gerade wie beim Eisenbahnzug, fortwährend durch die elektrische Reibung, den Kupferwiderstand, aufgezehrt bzw. in Wärme verwandelt wird.

Impuls- und Kraftkomponenten. Parallelogramm der Kräfte. Wie den Ort, die Geschwindigkeit und die Beschleunigung, so kann man nun auch den Impuls und die Kraft in Komponenten zerlegen, von denen man sich vorstellt, daß sie gleichzeitig wirken, und zwar gerade so, als ob sie nacheinander wirkten; mit anderen Worten: man überträgt das Unabhängigkeitsprinzip auch auf die Impulse und Kräfte und wendet es an zum Zwecke ihrer Zerlegung einerseits und ihrer Zusammensetzung anderseits. Die Kombination zweier Kräfte z. B. ergibt dann nach dem „Parallelogramm der Kräfte" die resultierende Kraft der Größe und Richtung nach als die Diagonale des aus den beiden gleichzeitig wirkenden Kräften vervollständigten Vierecks oder auch, wenn man die Kräfte nacheinander wirkend denkt, als die dritte Seite des aus ihnen gebildeten Dreiecks, als ihre „geometrische Summe". Bei drei oder mehr gegebenen Kräften wird die Resultante durch die Schlußlinie des aus ihnen gebildeten Polygons dargestellt: Polygon der Kräfte. Anderseits kann man eine nach Größe und Richtung gegebene Kraft in mannigfaltiger Weise zerlegen und so auch (und das ist die wichtigste Zerlegung) in ihre drei rechtwinkligen Komponenten, die man dann Kraftkomponenten nennt. Alles dies gilt analog auch vom Impuls und den Impulskomponenten. Etwas Neues bietet ja diese ganze Betrachtung nicht, da der

Impuls nur das kausale Äquivalent der Geschwindigkeit, die Kraft das der Beschleunigung ist, und für diese beiden Begriffe die obigen Sätze und Betrachtungen schon früher angestellt worden sind; man vergleiche hierzu die Fig. 9 bis 12.

Die Masse. Aber, so wollen wir uns fragen: ist denn der Impuls wirklich geradezu gleich der Geschwindigkeit, die Kraft gleich der Beschleunigung? Ist der alte scholastische Satz: causa aequat effectum auch für den Naturforscher, dem die Welt der Erfahrung das einzig Maßgebende ist, allgemein richtig? Man braucht nur die Bewegung zweier verschiedener Körper miteinander zu vergleichen, um sofort einzusehen, daß dies nicht der Fall ist.

Denken wir uns eine kleine und eine große Kegelkugel, schieben wir zuerst mit der kleinen, und dann, indem wir dieselbe Kraftanstrengung machen, mit der großen! Keiner meiner Leser braucht diesen Versuch erst wirklich anzustellen, um zu wissen, daß die große Kugel eine kleinere Geschwindigkeit annehmen wird als die kleine, und daß er, um beiden gleiche Geschwindigkeit zu erteilen, sich bei der großen in direktem Verhältnis zu ihrer Größe mehr anstrengen muß, d. h. also: um eine doppelt so große Kugel in eine bestimmte Geschwindigkeit zu versetzen, ist die doppelte Kraft erforderlich. Für die eine der beiden Kugeln kann ich die Kraft, da ich eine Maßeinheit für sie noch nicht besitze, getrost gleich der Geschwindigkeit setzen, die sie erzeugt; für die andere muß ich sie aber gleich der doppelten und für eine dritte vielleicht gleich der dreifachen Geschwindigkeit setzen. Daß es übrigens nicht bloß auf die Größe der Kugel ankommt, weiß man auch: von zwei gleichgroßen Kugeln, deren eine aus Holz, deren andere aus Eisen besteht, erhält durch dieselbe Muskelkraft die eiserne nur etwa ein Achtel der Geschwindigkeit oder man muß, um ihr dieselbe Geschwindigkeit zu geben, die achtfache Muskelkraft anwenden.

Man kann nun ganz allgemein sagen: verschiedene Körper setzen dem Versuch, sie in Bewegung zu setzen, sehr verschiedene Widerstände entgegen, einmal je größer sie sind und dann je nach ihrer stofflichen Natur. Diesen Widerstand der Körper gegen die Bewegung, den Faktor, mit dem man die Geschwindigkeiten, die sie annehmen, multiplizieren muß, um immer dasselbe Produkt (die Muskelanstrengung) zu erhalten, nennt man die Masse dieser Körper. Statt Geschwindigkeit und Impuls kann man natürlich auch Beschleunigung und dauernde Kraft setzen und sagen: Massen der Körper sind die Faktoren, mit denen man die Beschleunigungen, die sie unter denselben Verhältnissen annehmen, multiplizieren muß, um für alle dasselbe Produkt zu erhalten. Oder endlich am einfachsten: Masse eines Körpers ist das Verhältnis des Impulses zu der Geschwindigkeit bzw. der Kraft zu der Beschleunigung, die sie ihm erteilt; in Formel:

$$m = \frac{J}{G}, \quad m = \frac{K}{B}. \tag{1}$$

Impuls und Kraft in erweitertem Sinne. Wir müssen nun die ursprüngliche Begriffsfassung von Impuls und Kraft, wonach jener einfach gleich der Geschwindigkeit, diese einfach gleich der Beschleunigung sein sollte, fallen lassen und in folgender Weise definieren: Impuls ist das Produkt aus Masse und Geschwindigkeit des Körpers, auf den er wirkt; Kraft ist das Produkt aus Masse und Beschleunigung des Körpers, auf den sie wirkt; in Formel:

$$J = mG, \quad K = mB. \tag{2}$$

D. h.: wenn wir einen Körper von der Masse m sich mit der Geschwindigkeit G bewegen sehen, müssen wir annehmen, daß der Impuls mG auf ihn gewirkt hat; und wenn wir einen Körper von der Masse m sich mit der Beschleunigung B bewegen sehen, müssen wir annehmen, daß auf ihn eine Kraft mB wirkt. Geschwindigkeit und Beschleunigung sind das Ursprüngliche, das allein Beobachtete, Impuls und Kraft sind die daraus abstrahierten Ursachen (es sei denn, daß sie wie bei der Muskeltätigkeit primär in unserem Bewußtsein leben). Wir können nun aber diese Sätze auch umkehren, annehmen, daß Impuls und Kraft gegeben seien und aussagen, was für Wirkungen sie hervorbringen; dann lauten unsere Sätze folgendermaßen: die Geschwindigkeit, die ein Körper infolge eines Impulses J annimmt, ist gleich diesem Impuls, dividiert durch seine Masse; und die Beschleunigung, die ein Körper infolge der Kraft K annimmt, ist gleich dieser Kraft, dividiert durch seine Masse; in Formel:

$$G = \frac{J}{m}, \quad B = \frac{K}{m}. \tag{3}$$

Die Formeln (1), (2), (3) sind offenbar nicht drei verschiedene Formelpaare, sondern nur verschiedene Gestalten eines und desselben Formelpaares; nur besagen sie erkenntnistheoretisch Verschiedenes: die Formeln (1) enthalten die Definition der Masse, die Formeln (2) enthalten den induktiven, d. h. aus der Erfahrung geschöpften Schluß von G bzw. B

auf *J* bzw. K, die Formeln (3) enthalten den deduktiven, d. h. verstandesgemäßen Schluß von *J* bzw. *K* auf *G* bzw. *B*.

Das Maß der Masse. Für irgendeinen Körper kann man getrost die Masse gleich 1, also Impuls gleich Geschwindigkeit, Kraft gleich Beschleunigung setzen; die Massen der anderen ergeben sich dann durch die Beobachtungen ihrer Geschwindigkeiten bzw. Beschleunigungen. Man ist übereingekommen, als jenen Körper, dessen Masse man 1 nennen will, 1 ccm Wasser zu wählen, genauer gesagt: diejenige Menge Wasser, welche bei 4° C gerade 1 ccm Raum erfüllt. Diese Masse nennt man Gramm (g); man hat alsdann die einfache Beziehung, daß 1 ccm Wasser 1 g, 1 Liter Wasser 1 kg Masse hat. Im folgenden sind für einige Körper die Massen verzeichnet (zum Teil rohe Durchschnittswerte):

Sonne	1900 Quadrillionen Ton.	Kegelkugel	3 kg
Jupiter	1,8 " "	Billardkugel	300 g
Erde	6000 Trillionen "	Doppelkrone	8 "
Mond	75 " "	Luft in einer Bierflasche	0,6 "
Sehr großer Dampfer	10000 "	Wassertropfen	5 mg
Lokomotive	40 "	Stäubchen	1/1000 "
Sehr großes Geschoß	1000 kg	Luftteilchen	60000/Quadrillion "
Luft in einem Wohnzimmer	100 "		

Dichte. Die Masse ist eine Eigenschaft der Körper, also z. B. eines bestimmten Stückes Eisen; sie hängt, wie wir sahen, einesteils von seinem Volumen, anderenteils von der Natur seines Stoffes ab. Man kann also, indem man den ersten Einfluß fortnimmt, den zweiten losschälen. Man bekommt dann eben die Masse von einem ccm der betreffenden Substanz, also eine Eigenschaft nicht mehr eines bestimmten Körpers, sondern der betreffenden Stoffart schlechthin, z. B. die Masse von 1 ccm Eisen. Diesen Begriff nennt man spezifische Masse oder Dichte. In der folgenden Zusammenstellung ist für eine Reihe von bekannten Stoffen die Dichte angegeben, wobei, wie nochmals erwähnt sei, die Dichte des Wassers als Bezugseinheit benutzt ist. Man kann demnach auch sagen: Dichte eines Stoffes ist seine Masse im Vergleich zur Masse eines gleichgroßen, auf 4° C temperierten Volumens Wasser.

Osmium	$22^1/_2$	Kupfer	9	Marmor	$2^3/_4$
Platin	$21^1/_2$	Messing	$8^1/_2$	Feldspat	$2^1/_2$
Gold	$19^1/_3$	Eisen	$7^3/_4$	Aluminium	$2^1/_2$
Quecksilber	$13^1/_2$	Zink	$7^1/_4$	Steinsalz	$2^1/_4$
Blei	$11^1/_3$	Schwerspat	$4^1/_2$	Kupfervitriol	$2^1/_4$
Silber	$10^1/_2$	Mittleres Glas	3	Schwefel	2

Schwefelsäure	$1^5/_6$	Benzol	$^8/_9$	Chlorgas	$^1/_{300}$
Kohle	$1^3/_4$	Petroleum	$^8/_9$	Kohlensäure	$^1/_{500}$
Buchsbaum	$1^1/_3$	Alkohol	$^4/_5$	Luft	$^1/_{800}$
Meerwasser	$1^1/_{40}$	Buchenholz	$^3/_4$	Wasserdampf	$^1/_{1250}$
Wasser	1	Äther	$^3/_4$	Leuchtgas	$^1/_{2000}$
Wachs	$^{32}/_{33}$	Lithium	$^3/_5$	Wasserstoff	$^1/_{11000}$
Öl	$^9/_{10}$	Pappelholz	$^2/_5$		
Eichenholz	$^8/_9$	Kork	$^1/_4$		

Am dichtesten von allen Stoffen ist also das seltene Metall Osmium, nächstdem Platin und Gold, am dünnsten sind die Gase, insbesondere der Wasserstoff; die Gase kann man übrigens durch Verdünnung unter der Luftpumpe noch in viel dünnere Zustände bringen (ein Milliontel der natürlichen Dichte und mehr).

Das Maß der Kraft. Die Kraft ist das Produkt aus Masse und Beschleunigung; da wir nun die Beschleunigung in cm pro sec, die Masse in g auszudrücken übereingekommen sind, ist das Maß der Kraft damit von selbst gegeben; und zwar ist offenbar die Kraft 1 diejenige, welche einem Körper von der Masse 1 g in 1 sec eine Beschleunigung von 1 cm erteilt. Diese Kraft nennt man eine Dyne (aus dem griechischen „können"); wir gehen hierauf später noch näher ein, wollen aber vorher einen kleinen Abstecher machen, um die Kräfte in ihrer spezifischen Mannigfaltigkeit kennen zu lernen.

Die verschiedenen Arten von Kräften. Die in der Natur und Technik vorkommenden Kräfte sind von so verschiedener Art, daß es notwendig ist, sie in ein übersichtliches System zu bringen, und es können hierzu im allgemeinen folgende Einteilungsprinzipien dienen:

1. Fernkräfte und Nahekräfte. Unter einer Fernkraft versteht man eine Kraft, die an einem bestimmten Orte des Raumes ihren „Sitz" hat und trotzdem an einem ganz anderen oder vielen andren Orten wirksam ist. Die typischen Beispiele solcher Kräfte sind die allgemeine Massenanziehung oder Gravitation, die elektrischen und die magnetischen Fernkräfte. So wird, um die Bewegung der Planeten zu erklären, eine Kraft eingeführt, die in der Sonne ihren Sitz hat, aber am Orte der Planeten ihre Wirkung ausübt, und analog verhält es sich mit der Fernkraft der Planeten auf ihre Monde; ferner stellt man sich in den elektrisch geladenen Körpern und in den Magneten Kräfte vor, die auf entfernte Teilchen, dort z. B. Papierschnitzel, hier feines Eisenfeilicht, wirken. Ob die Entfernung zwischen dem Sitz der Kraft und dem Orte ihres Wirkens groß oder klein sei, ist im übrigen gleichgültig, sie kann nach Tausenden

von Meilen oder nach Bruchteilen eines Millimeters zählen; es kommt nur darauf an, ob die Kraftwirkung vom einen zum andern Orte unvermittelt überspringt.

Dagegen ist es das Charakteristische einer Nahekraft, daß sie sich stetig, wenn auch schließlich beliebig weit, fortpflanzt; daß sie nur von Ort zu Ort, von Schicht zu Schicht sich überträgt und überall auf diesem Wege Spuren dieses Wirkens hinterläßt. Es gibt zwei Arten von Nahekräften: Druckkräfte, die gewissermaßen in der Ruhe, und Stoßkräfte, die gewissermaßen in der Bewegung wirksam sind; hiervon abgesehen, sind sie nicht prinzipiell verschieden, wie man an dem Beispiel zweier Elfenbeinkugeln, die man gegeneinander drückt oder gegeneinander stoßen läßt, leicht einsieht.

Es besteht ein jahrtausendealter Streit darüber, welche Vorstellung „richtiger" bzw. „besser" sei, die Vorstellung der Fernkräfte oder die der Nahekräfte. Dem naiven Geiste erscheint unzweifelhaft die Nahekraft begreiflicher und befriedigender als die Fernkraft, die für ihn entschieden etwas Übersinnliches, etwas Mystisches hat, und er ist nicht selten sogar geneigt, den Anhänger einer Fernwirkung lebloser Dinge als einen Mystiker oder Spiritisten zu kennzeichnen. Wenn man aber dem Problem näher auf den Leib rückt, so findet man, daß die Druck- und Stoßwirkung schließlich nicht geringere Unbegreiflichkeiten in sich birgt, und wird alsdann im ganzen bescheidener in bezug auf das, was man in der Erkenntnis der Natur erreichen kann. Man gibt es dann auf, die letzten Dinge zu begreifen und findet schon ein hinreichendes Endziel alles Naturforschens darin, die Naturerscheinungen in möglichst einfacher und vollständiger Weise zu beschreiben, wobei unter Beschreibung natürlich nicht nur die Tätigkeit des Käfersammlers gemeint ist, der alle Körperteile des Käfers nach Form und Farbe beschreibt, sondern eine Beschreibung, die den Zusammenhang der verschiedenen Erscheinungen, ihre logische Verknüpfung und ihre bis zu einem gewissen Grade notwendige Aufeinanderfolge erkennen läßt. Wenn man nun von diesem Standpunkte der Einfachheit und Vollständigkeit aus die Frage der Fern- und Nahekräfte betrachtet, so kommt man bei verschiedenen Erscheinungen und in verschiedenen Stadien der Erkenntnis zu ganz entgegengesetzten Ergebnissen. In bezug auf die allgemeine Gravitation z. B. ist die Einfachheit der Darstellung, wie sie namentlich in den Keplerschen Gesetzen und gar in dem Newtonschen Gesetze, auf das wir sehr bald zu sprechen kommen, enthalten ist, noch heute nicht übertroffen, und es ist auch keine Erscheinung bekannt geworden, welche die Gesetze, die von einer reinen Fernwirkung ausgehen, unvollständig erscheinen ließe; es hat sich nämlich weder gezeigt, daß die Wirkung der Sonne auf die Erde oder der Erde auf den Mond von dem Medium, das etwa den Weltraum erfüllt, und durch das hindurch jene Wirkungen sich vollziehen, beeinflußt, modifiziert wird, noch daß dieses Medium selbst durch das Hindurchwirken der Kraft eine Veränderung erführe, noch endlich, daß diese Wirkung zu ihrer Fortpflanzung Zeit braucht. Anders ist es bei manchen elektrischen Erscheinungen, nämlich bei den Fernwirkungen der elektrischen Schwingungen; hier hat man im letzten Drittel des 19. Jahrhunderts gefunden: erstens, daß das Zwischenmedium von Einfluß auf die Stärke dieser Wirkung ist, zweitens daß das Medium selbst dabei verändert wird (es kommt in einen gewissen Spannungszustand), und drittens (durch die berühmten Hertzschen Versuche), daß diese Wirkung Zeit braucht, um sich fortzupflanzen; unter diesen Umständen ist die Annahme einer Fernwirkung auf diesem Gebiete nicht mehr haltbar, man muß vielmehr eine Nahewirkung für sie einsetzen; und da die Ausgangserscheinungen Schwingungen sind, so kann es nicht zweifelhaft sein, daß diese Nahewirkung die Form einer Wellenbewegung annehmen wird, gerade wie die scheinbaren Fernwirkungen der Schall- und Lichtschwingungen.

Hinsichtlich der letzten, somit noch übrig bleibenden Fernkraft, der Gravitation, ist eine entsprechende Analyse, und zwar auf der Grundlage der Relativitätstheorie, noch in der Ausgestaltung begriffen.

2. Zentralkräfte (Anziehungs- und Abstoßungskräfte) und Tangential- oder Drehkräfte. Eine Fernkraft hat, wie wir wissen, einen Sitz und einen Ort der Wirkung; in diesem Orte hat sie eine bestimmte Größe, wovon noch die Rede sein wird, und eine bestimmte Richtung, da sie, was aus der Art ihrer Einführung hervorgeht, ebenso wie die Beschleunigung ein Vektor ist; es ist das die Richtung, in der sie den Körper zu bewegen strebt, und, falls auf den Körper nicht noch andere Impulse oder Kräfte einwirken, auch tatsächlich bewegt. Diese Kraftrichtung nun kann zu der Richtung der Linie zwischen dem Kraftsitz und dem Körper in sehr verschiedener Beziehung stehen. Die beiden interessantesten Grenzfälle werden offenbar die sein, einmal, wo die Kraftrichtung in die Entfernungsrichtung hineinfällt, und dann der, wo sie auf ihr senkrecht steht. Eine Kraft der ersten Art nennt man eine Normalkraft oder Zentralkraft, und zwar, wenn sie vom Körper

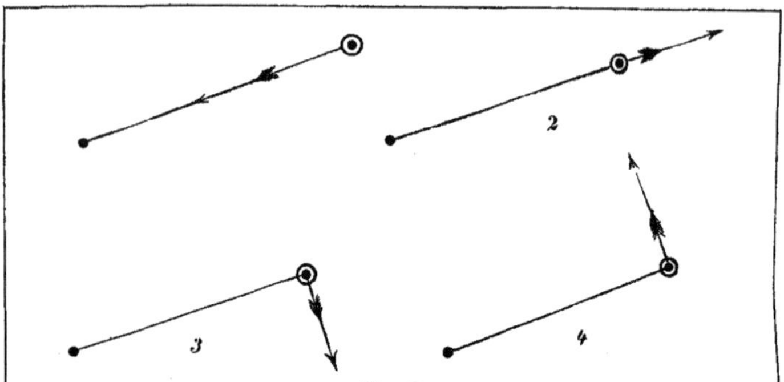

Fig. 38

nach dem Kraftsitz hin gerichtet ist, eine Anziehungskraft (1, Fig. 38), wenn sie von ihm weggerichtet ist, eine Abstoßungskraft (2). Eine Kraft anderseits, deren Richtung senkrecht auf der Linie von dem Ort des beeinflußten Körpers nach dem Sitz der Kraft steht, wollen wir für den Augenblick als „seitliche Kraft" bezeichnen, und auch hier gibt es zwei Fälle, nämlich nach rechts (3) und nach links (4) bewegende Kraft (von deren Sitz aus gesehen). Aber eine seitliche Kraft läßt sich noch anders auffassen. Einen sonst freien Körper bewegt sie nämlich (Fig. 39) im ersten Momente von *b* nach *c*; aber da sie in *c* wiederum senkrecht zur jetzigen Verbindungslinie wirkt, führt sie den Körper nach *d*, dann nach *e* usw., d. h. sie führt ihn im Kreise um den Sitz der Kraft herum, und deshalb heißt sie Drehkraft oder, da die einzelnen Strecken *bc* usw. Tangenten an die Kreisbahn sind, Tangentialkraft; auch von ihr gibt es zwei Arten, nämlich eine Drehkraft im Urzeigersinn (wie in der Figur) und eine gegen den Uhrzeigersinn.

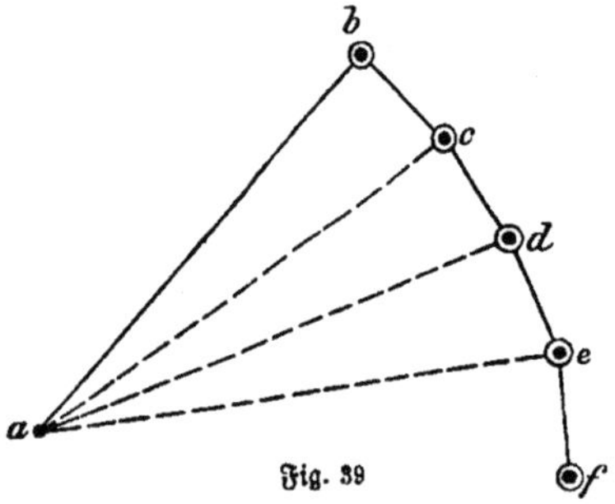

Fig. 39

Ganz analog verhält es sich bei den Druckkräften (Fig. 40), nur daß Druckkräfte nicht auf Körper, sondern auf bestimmte Flächen an diesem Körper wirken. Einen Druck, der senkrecht auf eine Fläche wirkt, nennt man einen

Normaldruck oder einen **Kompressionsdruck**; im engeren Sinne „**Druck**" nennt man einen gegen die Fläche hin (1) gerichteten Druck, einen von ihr fort gerichteten (2) dagegen „Zug". Einen Druck anderseits, der längs einer Fläche hinwirkt (3), nennt man einen **Tangentialdruck** oder **Scherungsdruck**. Im allgemeinen ist der Druck

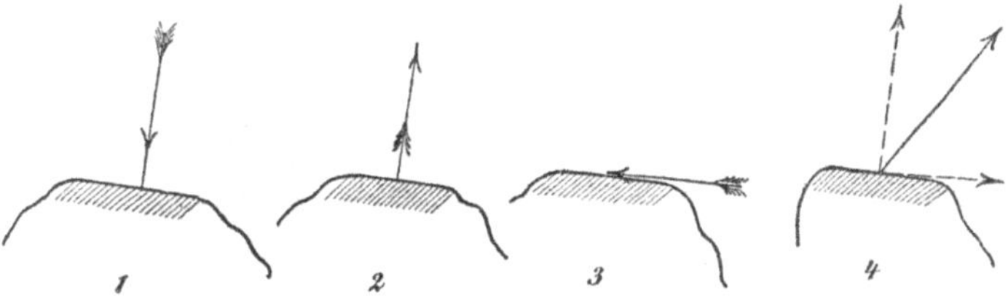

Fig. 40

auf eine Fläche schief gegen diese gerichtet (4); man kann ihn aber alsdann stets in eine Normal- und eine Tangentialkomponente zerlegen.

Ob man eine bestimmte Erscheinung durch eine Normalkraft oder durch eine Tangentialkraft, also durch eine Zentralkraft oder durch eine Drehkraft erklären soll, das scheint auf den ersten Blick niemals zweifelhaft sein zu können. Und doch gibt es ein allbekanntes Beispiel, bei dem man zuerst an eine Drehkraft denken würde, während die nähere Betrachtung lehrt, daß es hier viel zweckmäßiger ist, eine Zentralkraft zugrunde zu legen. Das ist die Drehung der Erde (oder eines andern Planeten) um die Sonne (oder eines Mondes um seinen Planeten). Man würde diese Drehbewegung auf eine Drehkraft zurückzuführen geneigt sein, und es stände dem auch an sich nichts im Wege; aber man würde auf diese Weise nicht zu so einfachen und umfassenden Gesetzen kommen wie durch die Annahme, daß die Erde sich deshalb um die Sonne dreht, weil sie (Fig. 41) gleichzeitig zwei Bewegungen ausführt: eine Fallbewegung auf die Sonne infolge einer von dieser auf sie ausgeübten Zentralkraft, und eine gleichförmige geradlinige Bewegung in der Tangente ihrer Bahn infolge eines früher einmal auf sie ausgeübten Impulses. Woher dieser ursprüngliche Impuls gekommen ist, wissen wir nicht; genug, daß er im Verein mit der Anziehungskraft der Sonne die Bewegung der Erde genau so darstellt, wie wir sie wirklich beobachten.

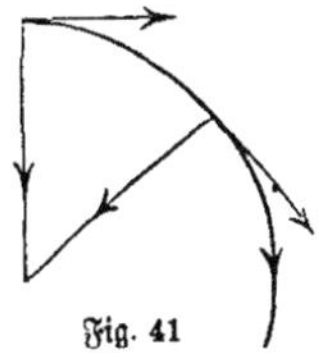

Fig. 41

Zentralkräfte kommen hauptsächlich vor bei der allgemeinen Gravitation, insbesondere auch beim Fall der Körper auf die Erde, bei der magnetischen und der elektrischen Anziehung, endlich bei Anziehungen und Abstoßungen, von denen man in der Chemie annimmt, daß die kleinsten Teilchen der Körper sie aufeinander ausüben; dagegen ist das typische Beispiel einer Tangentialkraft die Wirkung eines elektrischen Stromes auf einen Magnetpol, der von ihm, wenn er ein Nordpol ist, nach der linken Seite (in der Stromrichtung gesehen) abgelenkt und folglich, wenn er frei ist und immer wieder von neuem abgelenkt werden kann, im Kreise um die Strombahn als Achse herumgetrieben wird. Auf diese oder ähnliche Weise kommen die Rotationen unserer elektrischen Motoren zustande. Dagegen sind die Umdrehungen einer Dampfmaschine beispielsweise nicht die Folgen einer Drehkraft, sondern einer Normalkraft, nämlich des Expansionsdruckes des Dampfes auf den Kolben, und erst hinterher wird diese geradlinige Bewegung durch einen Zwischenmechanismus in eine Drehbewegung verwandelt.

Wissenschaftliches und praktisches Maßsystem; Gewicht und spezifisches Gewicht. Wir wollen nun einen Rückblick auf unsere Grundbegriffe werfen und diese Gelegenheit benutzen, um zwei Maßsysteme einander gegenüberzustellen, die man beide kennen muß, da das eine von ihnen in der Wissenschaft, das andere noch immer überwiegend in der Praxis im Gebrauch ist. Welches das wissenschaftliche Maßsystem sei, darüber kann man nach dem bisher Entwickelten nicht im Zweifel sein: es ist das Strecke-Zeit-Masse-System, gebildet aus den drei Grundbegriffen der Strecke, der Zeit und der Masse; und es wird wegen der Einheitsmaße dieser drei Begriffe gewöhnlich mit dem Namen CGS-System belegt (die drei Buchstaben, C für cm, G für g, S für sec, in alphabetischer, nicht in der sachlich richtigen Reihenfolge); häufig wird es auch, — ohne daß dies sehr passend wäre — als „absolutes Maßsystem" bezeichnet. In diesem System ist die Kraft kein Grundbegriff, sie wird vielmehr aus den drei Grundbegriffen abgeleitet, und ihre so abgeleitete Einheit heißt Dyne.

In der Praxis wendet man seit alters her ein anderes Maßsystem an, und es hat sich so fest eingebürgert, daß es nur ganz allmählich gelingt und gelingen kann, es durch das wissenschaftliche zu ersetzen. In diesem Maßsystem spielen Strecke und Zeit ebenfalls die Rolle von Grundbegriffen, aber der dritte Grundbegriff ist nicht die Masse, sondern die Kraft, und zwar eine ganz bestimmte Kraft, nämlich die

Druckkraft, die ein Körper auf der Erdoberfläche auf seine Unterlage, z. B. eine Wagschale, ausübt, und die man sein „Gewicht" nennt; dieses Maßsystem heißt demgemäß das Strecke-Zeit-Gewicht-System. Im wissenschaftlichen Maßsystem ist das Gewicht eine Kraft, also das Produkt aus der Masse des Körpers in Grammen und der Beschleunigung, die ungefähr 980 cm beträgt; im CGS-System besitzt also ein Körper von der Masse 1 g ein Gewicht von 980 Dynen, ein Körper von der Masse 10 g ein Gewicht von 9800 Dynen, wohlverstanden auf der Erdoberfläche. Auf einen anderen Weltkörper gebracht, auf dessen Oberfläche die Fallbeschleunigung eine andere ist, würde zwar seine Masse, nicht aber sein Gewicht dasselbe sein. Und selbst auf der Erdoberfläche weist das Gewicht eines und desselben Körpers kleine Verschiedenheiten auf, je nachdem man ihn an den Äquator oder in die Nähe eines der Pole, an den Meeresspiegel oder auf einen hohen Berg bringt, eben weil an diesen Orten die Schwerkraft etwas verschieden groß ungefähr zwischen 975 und 983, ist. Im praktischen Maßsystem wählt man nun, wie gesagt, das Gewicht als dritte Grundeinheit. Dazu ist man vollkommen berechtigt, und das Nebeneinanderstehen beider Systeme würde auch nicht viel schaden, wenn nicht etwas Besonderes hinzukäme, was in das Ganze eine kolossale Verwirrung hineinträgt. Man wählt nämlich als Gewichtseinheit das Gewicht eines ccm Wasser bei 4° C, unter 45° geographischer Breite und im Meeresspiegel, und nennt diese Gewichtseinheit ebenfalls 1 g, obgleich doch dieser Name schon anderweitig vergeben ist. Wir wollen, um die hieraus entstehende Verwirrung etwas zu mildern, die Gewichtseinheit auch äußerlich etwas unterscheiden, indem wir sie 1 g* nennen. Wir haben alsdann die folgenden Beziehungen:

1. Ein Körper hat im wissenschaftlichen Maßsystem ebensoviel g Masse, wie er im praktischen g* Gewicht hat.
2. Ein Körper hat im wissenschaftlichen Maße 980mal so viele Dynen Gewicht wie g Masse.
3. Ein Körper hat im wissenschaftlichen Maßsystem 980mal so viele Dynen Gewicht, wie er im praktischen Maße g* Gewicht hat.

In einem Gewichtskasten z. B. hat ein 50 g-Stück im wissenschaftlichen Maßsystem eine Masse von 50 g und im praktischen Maßsystem ein Gewicht von 50 g*, dagegen hat es im wissenschaftlichen Maßsystem ein Gewicht von 49000 (nämlich 50 × 980) Dynen. Noch weiter verschoben wird das Verhältnis zwischen beiden Maßsystemen dadurch, daß man in der Praxis als Gewichtseinheit gewöhnlich nicht das g*, sondern sein Tausendfaches, also das kg*, benutzt. Man hat dann die Beziehungen: 1 kg* = 980000 Dynen = 0,98 Megadynen; 1 Dyne = 1,02 mg*; 1 Kilodyne = 1,02 g*, 1 Megadyne = 1,02 kg*. Man kann also annähernd sagen: eine Dyne ist 2 % größer als 1 mg*, eine Kilodyne als 1 g*, eine Megadyne als 1 kg*.

In neuester Zeit stellt man die beiden hier betrachteten Begriffe einander gegenüber als träge Masse und schwere Masse (Gewicht, dividiert durch 980); besonders gilt das für die Relativitätstheorie, in der die Gleichheit der trägen und schweren Masse von grundlegender Bedeutung ist.

Wie man aus der Masse die spezifische Masse oder Dichte, so kann man aus dem Gewicht durch Division mit dem Volumen das „spezifische Gewicht" ableiten; es ist im wissenschaftlichen Maßsystem 980 mal so groß wie die Dichte, dagegen wird es im praktischen Maßsystem durch dieselbe Zahl dargestellt, wie im wissenschaftlichen die Dichte, so daß die Zahlen der obigen Tabelle für die Dichten auch für die praktischen spezifischen Gewichte gelten.

Entfernungsgesetz der Kraft. Bei den Fernkräften haben wir unterschieden zwischen dem Sitz der Kraft und dem Ort ihrer Wirkung. Es erhebt sich nun die Frage, in welcher Stärke eine Kraft in bestimmter Entfernung von ihrem Sitze wirksam sei. Diese Frage kann man empirisch zu beantworten versuchen, d. h. man kann untersuchen, durch welches Entfernungsgesetz sich die in der Natur beobachteten Bewegungserscheinungen, die man auf Fernkräfte zurückführt, am besten darstellen lassen. Diese Untersuchung ist für die Gravitation der Weltkörper von dem großen britischen Naturforscher Isaak Newton, für die elektrischen und magnetischen Anziehungs- und Abstoßungserscheinungen von dem französischen Physiker Coulomb angestellt worden, und zwar von beiden mit übereinstimmendem Resultat. Hiernach steht die an einem bestimmten Orte wirksame Kraft im umgekehrten Verhältnis des Quadrats der Entfernung dieses Ortes von ihrem Sitze. Die Kraft ist also in der doppelten Entfernung nur noch ein Viertel, in der dreifachen nur noch ein Neuntel so stark, und so geht das fort. Dabei ist aber stillschweigend vorausgesetzt, daß der Körper, in welchem die Materie ihren Sitz hat, punkt- oder kugelförmig sei oder von dieser Form doch nicht wesentlich abweiche. Eine sehr lange elektrisierte Stange z. B. wirkt ganz anders, ihre Kraft nimmt nur im umgekehrten Verhältnis der Entfernung selbst, also viel langsamer ab, sie ist in der doppelten Entfernung noch halb so stark usw. Bei einer elektrisierten, nach allen Richtungen sehr ausgedehnten Platte nimmt die Kraft sogar überhaupt nicht mit der Entfernung ab. Wer sich des früher bei der Strömung und bei der Strahlung Besprochenen erinnert, wird nun schon bemerkt haben, daß für die Kraft ganz dieselben Entfernungsgesetze gelten wie für die Strahlung, und man kann daher die Ausbreitung der Kraft geradezu als eine Art von Strahlung, als Kraftstrahlung bezeichnen. Wenn man dieses Bild zugrunde legt, so ist also die Abnahme der Kraft ganz analog der Abnahme der Schallstärke, der Lichtstärke, der Wärmestrahlung usw.

Das Kraftfeld und das Potential. Wir können nunmehr von der Kraft uns ein ähnlich anschauliches Bild entwerfen, wie wir es früher von der Strömung, Wirbelung und Strahlung getan haben; wie wir uns dort ein Strömungsfeld, ein Wirbelfeld, ein Strahlungsfeld vorgestellt haben, so können wir jetzt ein Kraftfeld zeichnen. Wir brauchen dazu einen neuen Begriff von derselben Art, wie wir ihn damals eingeführt haben, um das Strömungsfeld zu zeichnen. Dort (S. 27) war es diejenige Größe, deren Gefälle in der Richtung der Strömung gerade gleich der Geschwindigkeit am betreffenden Orte ist, und wir nannten sie Geschwindigkeitspotential. Hier ist es diejenige Größe, deren Gefälle in der Richtung der Kraft gerade gleich der Kraft in dem betreffenden Punkte ist, und wir wollen sie Kraftpotential oder kurzweg Potential nennen.

Gehen wir von einem möglichst konkreten Beispiel aus! Wir wollen uns in irgendeine gebirgige Gegend versetzt denken und uns in dieser Gegend alle diejenigen Punkte miteinander verbunden denken, die in gleicher Höhe über dem Meeresspiegel liegen, z. B. in 100 m Höhe. Eine solche Kurve, wie man sie auf den meisten Detailkarten verzeichnet findet, nennt man Isohypse oder Niveaulinie, und wir wollen uns die Isohypsen von 10 zu 10 m vorstellen (Fig. 42.) An steilen Abhängen werden diese Isohypsen nahe beieinander, an flachen Stellen weit zerstreut liegen; dort ist das Gefälle groß, hier ist es klein. Wo das Gefälle groß ist, wird die Schwerkraft stark wirken, sie wird das durch Verwitterung losgelöste Geröll zu raschem Abrollen, das Wasser zu raschem Abfließen veranlassen, während an flachen Stellen der Antrieb gering sein wird; wir können geradezu die Kraft durch das Gefälle messen, ihm gleichsetzen, indem wir unsere Maßeinheit danach einrichten.

Diese Vorstellung wollen wir nun verallgemeinern. Statt der Linien gleicher Meereshöhe wollen wir uns Linien gleicher Gravitation oder besser, da es sich jetzt um den ganzen Weltraum handelt, Flächen gleicher Gravitation, z. B. um die Sonne herum (wo es Kugeln sein werden) denken, oder Flächen gleichen elektrischen Potentials (um einen elektrisch geladenen Körper herum), oder Flächen gleichen magnetischen Potentials usw. Diese Flächen wollen wir in bildlichem Sinne ebenfalls *Niveauflächen* nennen, und die Größe, deren Gefälle den Wert der Kraft in absolutem Maße überall angibt, wollen wir das Kraftpotential oder kurz das *Potential* nennen. Wir wollen also, gerade wie in Fig. 17, die Fläche zeichnen, in deren sämtlichen Punkten das Potential vielleicht 10 ist, dann die, wo es 9 ist, auf der anderen Seite die, wo es 11 ist, und wollen alle solchen Flächen immer mit der Potentialdifferenz 1 einzeichnen, gerade wie wir das früher im Strömungsfeld getan haben, oder wie wir im Strahlungsfeld die Wellenflächen eingezeichnet haben. Wir brauchen dann nur überall die auf diesen Flächen senkrechten Linien zu ziehen, um die Richtung der Kraft in jedem Punkte des Feldes zu erhalten; und nicht nur die Richtung, sondern auch eine Vorstellung von der Größe der Kraft; denn wo die Niveauflächen dicht beieinander liegen, ist das Gefälle, also auch die Kraft groß, wo sie weit auseinanderliegen, ist sie klein; sie steht geradezu im umgekehrten Verhältnis des Abstandes der Niveaulinien. Ob man sich die Kraft als eine Strömung versinnbildlichen will oder als eine Strahlung, das wird von den Umständen, zum Teil auch von Stande unserer Erkenntnis abhängen; wir werden zunächst das Bild der *Kraftströmung* als das einfachere vorziehen und es nur dann durch das der *Kraftstrahlung* ersetzen, wenn sich zeigt, daß die Kraftausbreitung von der Natur einer Wellenbewegung ist. Es ist bereits oben bei der Besprechung der Fern- und Nahkräfte erwähnt worden, daß für die Grav tation ein

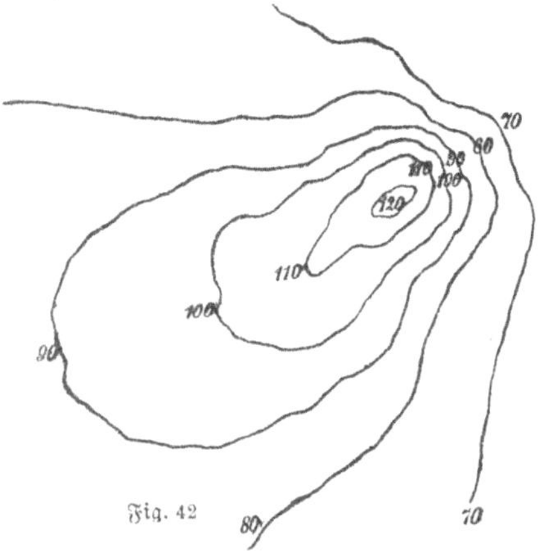

Fig. 42

solcher Nachweis noch nicht, wohl aber für gewisse elektrische Kräfte erbracht ist.

Noch in einer anderen Weise kann man sich eine Anschauung von der Größe der Kraft an einem Orte des Kraftfeldes verschaffen, nämlich statt durch die Zusammendrängung oder Zerstreuung der Niveauflächen, durch die Zusammendrängung oder Auseinandersperrung der **Kraftlinien** selbst, und diese Methode findet sogar z. B. in der modernen elektrotechnischen Praxis fast ausschließlich Anwendung. Es muß zu diesem Zwecke gefragt werden, welche Auswahl man unter den Kraftlinien zu treffen hat, deren es doch beliebig viele gibt, z. B. von der punktförmigen Kraftquelle c (Fig. 43) aus sämtliche nach allen Richtungen des Raumes ausgehenden geraden Linien, die Radien der konzentrischen Kugelflächen, welche in diesem einfachen Falle die Niveauflächen darstellen. Ein so bequemes Mittel wie bei der Auswahl der Niveauflächen, bei denen man eben diejenigen wählt, welche sich immer um die Potentialdifferenz 1 unterscheiden, hat man hier nicht, weil ja eine Kraftlinie überhaupt nicht durch irgendeinen Zahlenwert charakterisiert ist. Man muß hier die Auswahl nach einem anderen Prinzip treffen und sich dabei an das Entfernungsgesetz der Kraft halten. Die Kraftquelle habe die Ergiebigkeit m, d. h. es ströme in der Zeiteinheit die Kraftmenge m aus ihr heraus (bildlich gesprochen), dann wird in der Entfernung r, also in allen Punkten der Niveaukugel vom Radius r, die Größe der Kraft nur noch m/r^2 sein, z. B. wird sie in allen Punkten der Kugel mit dem Radius 1 cm gerade gleich $m/1^2$, also gleich m selbst sein. Diese Kraftmenge m ist über die ganze Kugelfläche gleichmäßig verteilt, also, da eine Kugel vom Radius r die Oberfläche $4\pi r^2$ hat, über die Fläche $4\pi \cdot 1^2 = 4\pi$ qcm. Zieht man nun von der Quelle aus gerade $4\pi \cdot m$ Kraftlinien gleichmäßig nach allen Seiten, so werden auf jedes qcm gerade m Kraftlinien entfallen, d. h. gerade so viele Kraftlinien, als die Größe der Kraft beträgt. Bei dieser Auswahl erreicht man es also, daß **die Zahl der durch die Flächeneinheit hindurchtretenden Kraftlinien geradezu ohne weitere Rechnung die Größe der Kraft in absolutem Maße ergibt**, was für die Praxis außerordentlich bequem ist. Deshalb verfährt man bei der Eintragung der Kraftlinien so, daß man von einem Pole (einer Kraft-

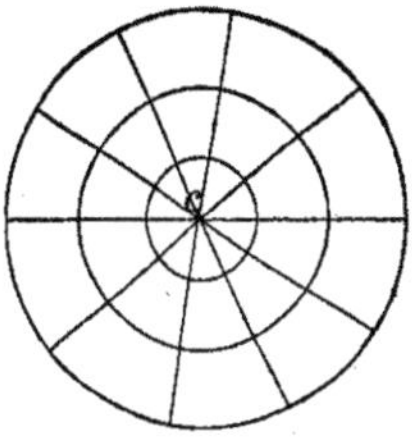

Fig. 43

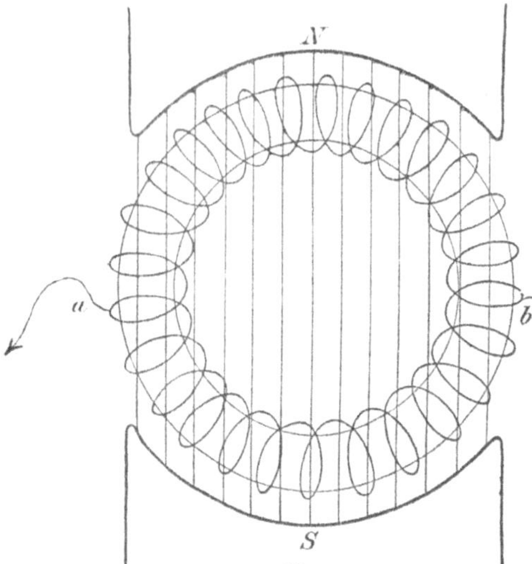

Fig. 44

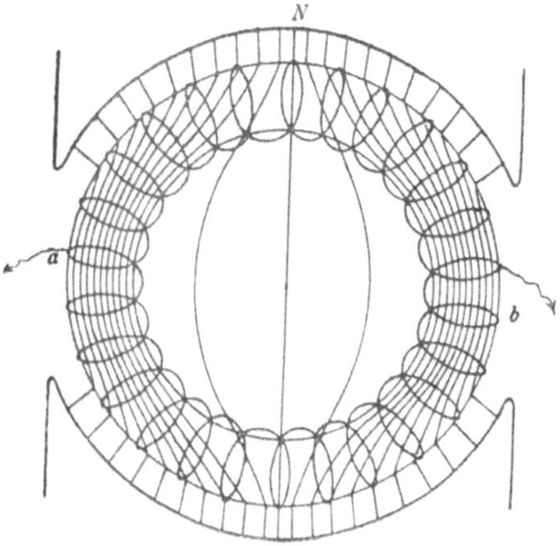

Fig. 45

quelle) von der Stärke 1 gerade 4π, von der Stärke 2 gerade 8π, von der Stärke m gerade $4\pi m$ Kraftstrahlen ausgehen läßt (daß das, wegen der Bruchteile, praktisch nicht streng ausführbar ist, braucht uns nicht zu beunruhigen); je dichter sich die Kraftlinien alsdann an irgendeiner Stelle durch die Elemente der Niveauflächen hindurchdrängen, desto stärker ist dort die Kraft, und zwar ist sie geradezu gleich der Zahl der Kraftlinien, die durch 1 qcm hindurchtreten.

Ein Beispiel wird dies noch greifbarer machen. Bei der ältesten und berühmtesten Art von praktisch bedeutsamen elektrischen Maschinen, der Grammeschen Maschine, nach deren Prinzip lange Zeit hindurch die meisten elektrischen Maschinen gebaut werden, wird das magnetische Kraftfeld durch zwei breite Magnetpole, die sog. Polschuhe gebildet, von denen einer ein Nordpol (N), der andere ein Südpol (S) ist, und die sich gerade gegenüberstehen. In dem Raum zwischen ihnen wird nun eine Kupferdrahtspule in Umdrehung versetzt, die zur besseren Sicherung auf einem massiven Ring aufgewickelt ist. In der Spule entwickelt sich nun ein elektrischer Strom, den man an den beiden Seiten *ab* abnimmt und zur weiteren Benutzung fortführt (Fig. 44). Es kommt nun natürlich darauf an, daß an diesen Stellen, z. B. in *b*, die magnetische Kraft, die den Strom erzeugt, möglichst stark sei, daß also möglichst viele magnetische Kraftlinien durch die Kupferschleife hindurchtreten. Nehmen wir an, der Ring bestände aus Holz, so würde dies nicht der Fall sein;

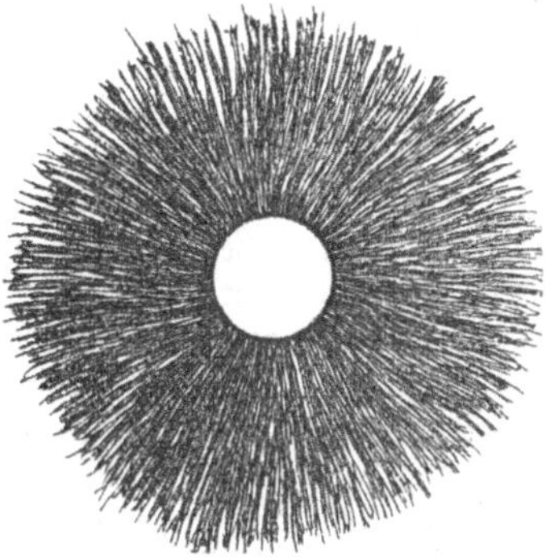

Fig. 46

denn dann würden die Kraftlinien einfach an allen Stellen auf dem nächsten Wege, also als gerade Linien vom Nordpol bis zum Südpol gehen, und durch die Schleife bei *b* würden nur einige wenige gerade Linien hindurchtreten (in der Figur nur zwei). Nimmt man aber den Ring aus Eisen (Fig. 45), so macht sich dessen Eigenschaft geltend, die Kraftlinien in sich hineinzuziehen, sie von ihrem Wege abzulenken und zusammenzudrängen; jetzt gehen durch die Schleife bei *b* zahlreiche Kraftlinien hindurch, und folglich ist der Strom, den man hier abnehmen kann, in gewaltigem Maße gekräftigt.

Die magnetischen Kraftlinien kann man übrigens auch von der Natur selbst darstellen lassen. Legt man nämlich auf die Endflächen eines oder einiger in bestimmter Weise angeordneter Magnetstäbe eine Glasplatte, streut Eisenfeilspäne darauf und klopft nun leise, so sieht man, wie sich die feinen Nadeln nach bestimmten Linien

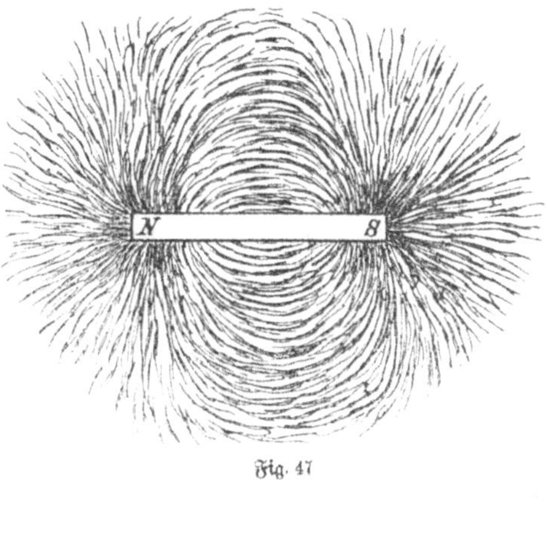

Fig. 47

anordnen, und diese Linien sind die magnetischen Kraftlinien. Um einen einzigen Pol herum bzw. von einem Nordpol zu einem Südpol gruppieren sich die Teilchen in der aus den Figuren 46 und 47 ersichtlichen Weise.

Die Wechselwirkung und das Wechselwirkungsprinzip. Unsere Betrachtungen über den Kraftbegriff würden unvollständig sein und in gewisser Hinsicht ein geradezu fehlerhaftes Bild hinterlassen, wenn wir nicht jetzt daran gingen, sie in einer bestimmten Richtung zu ergänzen. Wir haben den Massenbegriff durch den Ausspruch definiert: zwei Körper haben gleiche Massen, wenn sie unter gleichen Umständen dieselben Beschleunigungen annehmen; nehmen sie dagegen verschiedene Beschleunigungen an, so haben sie Massen, die zu diesen Beschleunigungen im umgekehrten Verhältnis stehen. Es gibt nun ein sehr naheliegendes Beispiel, auf das wir diese Anschauung nicht anwenden dürfen, ohne zu einem baren Widersinn zu gelangen: den freien Fall der Körper in der Nähe der Erdoberfläche. Läßt man nämlich zwei Körper, vielleicht eine Holzkugel und eine gleichgroße Bleikugel, unter Vermeidung störender Nebeneinflüsse wie des Luftwiderstandes, also am besten im luftleeren Raume fallen, so sieht man, daß beide gleich schnell fallen, daß sie mithin beide dieselbe Beschleunigung annehmen. Man müßte demnach schließen, daß sie beide die gleiche Masse haben, wenn man nicht vom Kegeln her wüßte, daß sie sehr verschiedene Massen haben, und wenn dies nicht anderweitig, z. B. durch ihr verschiedenes Gewicht bestätigt würde. Überhaupt müßten hiernach alle Körper, weil sie alle gleich schnell fallen, auch die gleichen Massen haben. Aus diesem Widersinn folgt, daß irgend etwas in unserer Vorstellung unrichtig oder mindestens unvollständig sein muß, und dieser Mangel, diese Lücke kann sich nur auf die Ursache des freien Falles, als welche wir die Anziehungskraft der Erde betrachtet haben, beziehen. Unsere bisherige Anschauung, daß wir es mit einer aktiven Kraft, die in der Erde ihren Sitz hat, und mit einer passiven Masse, die in dem fallenden Körper ihren Sitz hat, zu tun haben, kann in dieser einfachen Form unmöglich richtig sein. Es muß vielmehr bei dem Falle der Holzkugel die Holzkugel selbst, und bei dem Falle der Bleikugel muß diese selbst auch aktiv, nicht bloß passiv beteiligt sein. Wir werden zu einem richtigen Ergebnis gelangen, wenn wir die Kraft, welche die zehnmal so massive Bleikugel fallen läßt, auch zehnmal so groß annehmen wie die Kraft, durch welche die Holzkugel fällt. Denn da alsdann bei der Bleikugel einerseits die Kraft, also die Bewegungsursache, anderseits aber auch die zu bewegende Masse, also der Bewegungswiderstand, zehnmal so groß ist, werden wir die beiden Formeln haben (B Beschleunigung, K Kraft, m Masse):

$$\text{für die Holzkugel } B = \frac{K}{m},$$

$$\text{für die Bleikugel } B = \frac{10\,K}{10\,m}, \text{ also auch } = \frac{K}{m},$$

und es werden beide gleich schnell fallen müssen, wie es die Erfahrung zeigt. Der freie Fall ist also nicht eine Wirkung einer einseitigen Anziehungskraft der Erde, sondern einer doppelseitigen Kraft, die zwischen der Erde und dem Körper tätig ist. Eine solche Kraft nennt man eine Wechselkraft oder Wechselwirkung, und die Beobachtung der Natur lehrt, daß man es in Wirklichkeit immer mit solchen Wechselwirkungen zu tun hat. Je größer die eine der beiden aufeinander wirkenden Massen ist, desto größer ist die Wechselwirkung; sie ist aber auch desto größer, je größer die andere Masse ist; und somit erhalten wir den Satz, daß die Wechselwirkung mit dem Produkt der beiden aufeinander wirkenden Massen proportional ist. So ist die Wechselwirkung zwischen der Erde und der Holzkugel größer als die Wechselwirkung zwischen dem Monde und derselben Holzkugel, aber es ist auch die Wechselwirkung zwischen der Erde und der Bleikugel größer als die zwischen der Erde und der gleich großen Holzkugel. Was für eine Bewegung aus dieser Wechselwirkung hervorgeht, das hängt zunächst von äußeren Umständen ab, nämlich von der freien Beweglichkeit der beiden Körper: ist der eine fest, der andere frei, so wird sich ausschließlich der letztere bewegen, während der erste vom letzteren lediglich einen Druck oder Zug erfahren wird, dem er, weil er nun unbeweglich fest ist, nicht Folge leisten kann. Sind aber beide Körper frei, so werden sich auch beide bewegen, und zwar, da sie beide einer und derselben Wechselkraft unterliegen, derart, daß derjenige, welcher die größere Masse hat, eine in demselben Verhältnis kleinere Beschleunigung annimmt und umgekehrt. Wir werden diese Wahrnehmung geradezu benutzen können, um den Begriff „Masse" von neuem und besser als früher zu definieren, indem wir sagen: Massen zweier Körper sind die Zahlen, die sich umgekehrt verhalten wie die Beschleunigungen, die sich diese beiden Körper gegenseitig erteilen, wenn sie in Wechselwirkung treten, oder: Massen zweier Körper sind die Faktoren, mit denen man die Beschleunigungen, die sich die beiden Körper bei der Wechselwirkung erteilen, multiplizieren muß, um beide Male dasselbe Produkt zu erhalten. Dieses für beide Körper gleich große Produkt stellt dann eben die Wechselkraft dar: sie ist gerade so groß von einem Körper auf den anderen wie von dem anderen auf den einen, nur daß sie in beiden Fällen entgegengesetzte Richtung hat. Die Sonne wirkt mit derselben Kraft auf die Erde wie die Erde auf die Sonne, nur zieht die Sonne die Erde nach sich hin und die Erde die Sonne nach sich hin. Die Folge dieser Wechselwirkung ist die, daß, da beide Himmelskörper frei beweglich sind, die Erde sich auf die Sonne hin bewegt, die Sonne auf die Erde hin; oder besser, da, wie wir wissen, infolge eines früher einmal stattgehabten Impulses, die eigentliche Fallbewegung in eine Drehbewegung übergegangen ist: die Erde dreht sich um die Sonne, die Sonne um die Erde; oder noch besser: Erde und Sonne drehen sich um ihren gemeinsamen Schwerpunkt. Wenn wir von dieser Ausspruchsweise gewöhnlich absehen und einfach von der Drehung der Erde um die Sonne sprechen, so liegt das teils daran, daß die Masse der Sonne so gewaltig gegenüber der Erde ist, daß die Sonne (Fig. 48) nur höchst unbedeutend (von S_1 bis S_2) fortschreitet, während die Erde schon einen großen Bogen (e_1 bis e_2)um die Sonne zurücklegt, teils auch daran, daß wir die Bewegung der Erde geradezu auf die Sonne beziehen und diese letztere uns als im Himmelsraume fest denken, weil es für die Erscheinungen auf unserer Erde lediglich darauf ankommt, wie sie sich relativ zur Sonne bewegt. Es gibt übrigens im Weltenraume Körper, die nicht so kolossal verschiedene Massen haben und sich doch umeinander drehen: die Doppelsterne; diese drehen sich dann wirklich um einen zwischen ihnen gelegenen Schwerpunkt (Fig. 49).

Wie mit den Weltkörpern, so verhält es sich auch mit den Körpern, die sich auf unserer Erdoberfläche befinden: jeder Wirkung entspricht eine gleichgroße, aber entgegengesetzte Gegenwirkung; so verhält es sich beim Billardspiel, wo zwei Kugeln aufeinander stoßen, beim Kegeln, wo der Kegler den „Rückstoß" sehr deutlich verspürt, bei Geschütz und Geschoß, wo man besondere Vorkehrungen treffen muß, um das Zurückprallen des Geschützes beim Losfeuern zu mildern; bei den elektrischen und magnetischen Kräften usw.

Wir können somit den wichtigen und umfassenden, schon von dem großen Isaak Newton erkannten Satz aussprechen: Alle Kräfte in

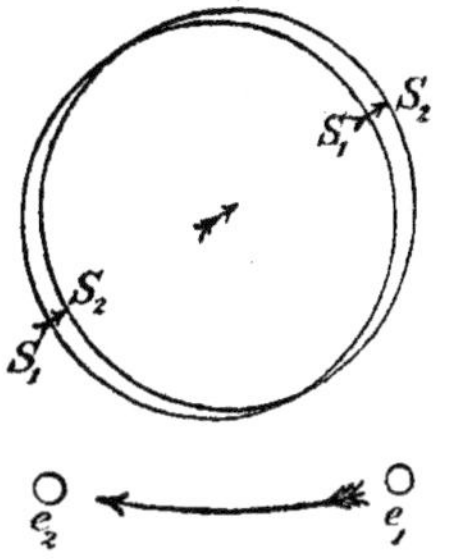

Fig. 48

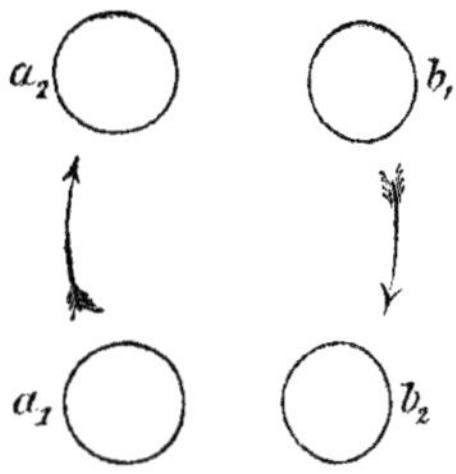

Fig. 49

der Natur sind Wechselkräfte; jeder Wirkung entspricht eine gleich große und entgegengesetzt gerichtete Gegenwirkung, und die Bewegungen, die auf diese Weise hervorgerufen werden, stehen, was ihre Geschwindigkeit bzw. Beschleunigung betrifft, im umgekehrten Verhältnis der wechselwirkenden Massen.

VII. Eigenschaften der Materie.

Erhaltung des Stoffes. Wir wollen uns nun der Aufgabe zuwenden, in die wunderbare Mannigfaltigkeit, die die Materie uns im Wechsel der Erscheinungen darbietet, einige Ordnung zu bringen, indem wir ihre überall maßgebenden Eigenschaften und die Gesetze, denen sie unterliegen, feststellen. Das erste und wesentliche Charakteristikum des Stoffes, dasjenige, welches uns sein Maß an die Hand gibt, haben wir bereits kennen gelernt, nämlich die Masse. Es ist das, streng wissenschaftlich gefaßt, der Widerstand der Materie gegen Bewegung, oder, wie wir jetzt genauer sagen wollen, gegen Ortsänderungen, d. h. gegen Bewegungen, bei denen der oder die Körper in sich unverändert bleiben, aber ihren Ort im Raume wechseln.

Von der Masse gilt nun, wie man seit alters her, ohne sich aber davon Rechenschaft zu geben, weiß, ein Satz, der an die Spitze aller Naturforschung gesetzt werden muß, weil diese ohne ihn keinen Halt haben würde. Es ist dies der Satz von der Konstanz der Masse, oder, wie man populär auch sagen kann: der Satz von der Erhaltung des

Stoffes. Er besagt, daß bei allen Vorgängen in der Natur oder, vorsichtiger ausgedrückt, bei allen Vorgängen, die Gegenstand naturwissenschaftlicher Betrachtung sein können, die gesamte Masse aller bei jenen Vorgängen beteiligten Körper ungeändert bleibt. Sind an dem Vorgang mehrere Körper beteiligt, so kann jeder dieser Körper Masse gewinnen oder verlieren, es muß aber bei den anderen Körpern ein entsprechender Verlust oder Gewinn an Masse auftreten, so daß im ganzen weder ein Zuwachs noch ein Verlust an Masse auftritt. Wendet man diesen Satz auf das Weltall im ganzen an, neben dem es doch eben keine weiteren Körper gibt, so erhält man den Satz, daß die gesamte Masse im Weltall sich niemals ändern kann. Wenn z. B. ein Körper verbrennt, sei es, daß dies ganz langsam geschieht, wie etwa beim Rosten des Eisens, oder rasch mit heller Flamme, wie etwa bei der Kohle, so ändert der Körper seine Masse, er nimmt nämlich Sauerstoff aus der umgebenden Luft auf; aber diesem Gewinn steht eben der Verlust gegenüber, den die umgebende Luft an Sauerstoff erleidet. Andere Beispiele bieten die Auflösung von Salzen in Flüssigkeiten, die Mischung, schließlich alle chemischen Verbindungen und Trennungen dar. Man kann behaupten, daß der Satz von der Konstanz der Masse die Grundlage einer ganzen Wissenschaft, der Chemie, geworden ist, und daß es erst eine wissenschaftliche Chemie gibt, seit man die Bestimmung und Kontrolle der Masse allen Untersuchungen in ihr zugrunde legt; daß man dabei nicht direkt die Masse, sondern, weil dies bequemer ist, das Gewicht bestimmt, hat nach dem oben Gesagten keine weitere Bedeutung; und in neuerer Zeit ist dieser Parallelismus noch in besonders exakter Weise, besonders durch den ungarischen Physiker v. Eötvös festgestellt worden. Alle exakten chemischen Untersuchungen bedienen sich der Wage, des Instrumentes, mit dem man das Gewicht der Körper bestimmt, und eine derartige Untersuchuug ist erst zu einem befriedigenden Ende geführt, wenn die quantitative Analyse „stimmt". Man kann die Chemie geradzu definieren als die Wissenschaft von den qualitativen Veränderungen, welche die Materie erfährt, ohne daß dabei die Quantität sich ändert.

Trotzdem würde man zu weit gehen, wollte man unser Prinzip als bindend für alle Zukunft wissenschaftlicher Entwicklung erklären. Denn es könnte sich zeigen, daß Materie nichts ist als eine besondere Form von etwas Allgemeinerem, als eine Art von — um es vorwegzunehmen (es wird später eingehend davon die Rede sein) — Energie. Es würde dann vorkommen können, daß Energie von der Art, die wir Materie nennen, sich in Energie, die nicht Materie ist, verwandelt, und die Konstanz der Masse wäre dann durchbrochen. Gegenwärtig hat man schon an drei auseinanderliegenden Stellen Spuren solcher Möglichkeiten entdeckt, erstens Anzeichen von (freilich minimalen) Gewichtsänderungen bei chemischen Umsetzungen, zweitens Anzeichen dafür, daß uns „Masse" vorgetäuscht werden kann, wo es sich vielleicht nur um abstrakte Bewegungen handelt (die „scheinbare Masse") strahlender Teilchen, und drittens Anzeichen merkwürdiger Beziehungen zwischen Materie und Energie (bei den Phänomenen der Radioaktivität) — aber das sind, wie gesagt, nur schwache Ansätze von etwaigen Entwicklungen, die der Zukunft vorbehalten bleiben.

Elastizität. Dagegen kommen wir nun zu einem neuen, dem Massenbegriff beinahe ebenbürtig zur Seite stehenden Charakteristikum der Materie. Die Masse ist, wie wir sahen, der Widerstand gegen Ortsänderung, wobei der Körper selbst ganz ungeändert bleibt. Aber ein Körper kann noch andere, er kann auch relative Lageänderungen seiner Teile gegeneinander erfahren. Eine Kugel kann durch allseitigen Druck komprimiert werden, wobei sich ihre Teile nach innen hin bewegen; ein Würfel, der etwa mit einer Fläche auf einer Unterlage aufgeleimt ist, kann durch eine scherende Kraft auf die Oberfläche in ein schiefes Rhomboeder verwandelt werden; ein Stahldraht, der von der Decke herunterhängt, wird durch ein angehängtes Gewicht verlängert und dabei gleichzeitig im Querschnitt verdünnt; durch eine Drehkraft, die am unteren Ende angreift, kann er gedrillt werden, und so gibt es zahlreiche relative Veränderungen, die ein Körper erfahren kann. Den Widerstand gegen solche Beanspruchungen nennt man Elastizität, und das Maß dieser Elastizität ist der Elastizitätsmodul oder kurz der Modul. Aber während es nur eine einzige Masse (bzw. Dichte) gibt, besitzt eine und dieselbe Stoffart, wie aus dem Gesagten ohne weiteres erhellt, sehr verschiedene Moduln je nach der Art der Beanspruchung, je nachdem es sich um Zug oder Druck, Biegung, Scherung oder Drillung handelt. Es ist von Wichtigkeit, in diese Mannigfaltigkeit Ordnung zu bringen und zu fragen: wie viele fundamentale Beanspruchungen gibt es, auf die alle übrigen zurückgeführt werden können?

Nun wissen wir bereits, daß ein Körper zwei charakteristische räumliche Merkmale, nämlich erstens ein bestimmtes Volumen und zweitens eine bestimmte Gestalt besitzt. Damit ist aber auch die Hauptfrage erledigt: ein Körper ist zweierlei Angriffen ausgesetzt, solchen, die sein Volumen, und solchen, die seine Gestalt zu verändern streben; der Widerstand gegen Volumenänderung ist der Volumenmodul oder **Kompressionsmodul** (die Kompression, d. h. Verkleinerung des Volumens wird hier als allgemeiner Ausdruck gebraucht, der auch das entgegengesetzte Phänomen, die Dilatation oder Vergrößerung des Volumens mit enthält); der Widerstand gegen Gestaltsänderung ist der **Gestaltsmodul** oder **Deformationsmodul**. Reine Volumenänderungen und reine Gestaltsänderungen hervorzurufen ist experimentell nicht ganz einfach; in der Praxis werden die Körper gewöhnlich in einer Weise beansprucht, die gleichzeitig ihr Volumen und ihre Gestalt ändert, und das Verhalten des Körpers ist alsdann durch einen Modul charakterisiert, der von den beiden obigen verschieden, aber aus ihnen zusammengesetzt und auf sie zurückführbar ist. Es ist aber einleuchtend, daß dieser neue Modul, eben weil der Körper zwei verschiedene Veränderungen erfährt, nicht ausreicht, um das Verhalten des Stoffes vollständig zu charakterisieren, daß zu diesem Zwecke vielmehr dem Modul noch irgendeine zweite charakteristische Größe an die Seite gestellt werden muß. An einem Beispiel ist es leicht, diese beiden charakteristischen Größen kennen zu lernen.

Wenn man einen Draht, der von der Decke herabhängt, unten mit einem Gewicht beschwert, so erfährt er, wie schon bemerkt wurde, erstens eine Verlängerung, eine Dehnung, und es wird zur Charakteristik des Materials dienen, wenn man angibt, welche Zugkraft man ausüben muß, um eine bestimmte Verlängerung zu erzielen; dabei wird es auf den Einheitszug, d. h. auf den Zug pro Querschnittseinheit, ankommen (denn im Verhältnis des größeren Querschnitts muß man natürlich auch stärker belasten), und die Verlängerung anderseits wird zu messen sein als Bruchteil der ursprünglichen Länge des Drahts (denn ein doppelt so langer Draht wird durch denselben Zug auch doppelt so stark verlängert werden). Man nennt nun das Verhältnis des Einheitszuges zur relativen Dehnung, die er erzeugt, den **Dehnungsmodul** oder häufig auch den **Elastizitätsmodul** des Stoffes. Im absoluten Maße muß man den so definierten Dehnungsmodul durch Dynen pro qcm ausdrücken, und man findet alsdann z. B. für harten Stahl die Zahl 2000 Milliarden; in der Praxis benutzt man gewöhnlich kg statt g, ferner das Gewichtsmaß statt des Massenmaßes, also kg* für kg und endlich als Einheitsfläche das qmm statt des qcm, wodurch sich die Einheit des Moduls im Verhältnis von 1000 × 980 + 100 vergrößert, der in dieser Einheit ausgedrückte Zahlenwert des Moduls also in demselben Verhältnis verkleinert, so daß sich für Stahl rund 20000 kg*/qmm ergeben. In der folgenden Tabelle sind für einige Stoffe die Dehnungsmoduln in diesem Maße angegeben:

Iridium	52000
Bessemer Stahl	21000
Eisen, gezogen	20000
Platin	17000
Kupfer	12000
Bronze	9500
Gold	8500
Silber	7600
Blei	1800
Kautschuk (f. kleine Dehnung)	0,1
Zinkboratglas	8200
Mittleres Glas	6000

Bleisilikatglas	5100
Akazienholz (paral. d. Faser)	1260
Ahorn = = =	1020
Buche = = =	980
Pappel = = =	520
Schiefer	10000—15000
Marmor	2600— 5000
Sandstein	630— 900
Korund (höchster Wert)	52000
Topas = =	29000
Quarz = =	10300
Steinsalz = =	4100

Am Beispiel des Kautschuks sieht man, daß ein Stoff, der im populären Sinne als „elastisch" bezeichnet wird, nicht notwendig einen großen Dehnungswiderstand, also einen großen Dehnungsmodul haben muß; beim Stahl fällt beides zusammen, nicht aber beim Kautschuk, der im Gegenteil im wissenschaftlichen Sinne des Wortes sehr schwach elastisch ist, d. h. schon bei geringfügiger Beanspruchung sich sehr stark dehnt; wir werden sehr bald sehen, was man damit meint, wenn man den Kautschuk als sehr elastisch bezeichnet.

Aber der Dehnungsmodul allein genügt, wie bemerkt wurde, noch nicht, um zu kennzeichnen, wie sich ein Stoff bei der Dehnung verhält; es muß noch eine zweite charakteristische Größe angegeben werden. In der Tat erfährt der Körper außer der Längenänderung noch eine Änderung, und zwar eine Verkleinerung des Querschnitts, und es wird, wenn etwa der Querschnitt des Körpers ein Quadrat ist, jede der beiden Dimensionen dieses Quadrats verkürzt. Das Verhältnis dieser Dicken- oder Breitenverkürzung zur Längsdehnung nennt man die *Elastizitätszahl* des Stoffes, weil es eine reine Zahl ist. Man hat längere Zeit hindurch geglaubt, daß die Elastizitätszahl aller festen Stoffe gerade ein Viertel sei; es hat sich aber in den letzten Jahrzehnten herausgestellt, daß dies durchaus nicht der Fall ist, daß diese Zahl vielmehr innerhalb ziemlich weiter Grenzen, etwa zwischen $^1/_6$ und $^1/_2$ schwankt, und daß sie selbst für verschiedene Arten einer und derselben Stoffklasse, z. B. bei den Glassorten, für die eine Sorte nur $^1/_5$, für eine andere größer als $^1/_3$ ist.

Durch den Dehnungsmodul und die Elastizitätszahl ist das Verhalten eines Stoffes vollständig bestimmt, und zwar auf die praktischste Weise. Prinzipiell aber ist es nach den vorausgeschickten allgemeinen Bemerkungen noch bezeichnender, einen Stoff durch seinen Volumenmodul und seinen Gestaltmodul zu charakterisieren, und es seien daher wenigstens für einige Stoffe diese Zahlen hier angegeben, und zwar wiederum im praktischen Maße: kg* pro qmm:

	Volumenmodul	Gestaltmodul		Volumenmodul	Gestaltmodul
Kupfer	10100	4800	Zinkboratglas . . .	7500	3100
Blei	3000	640	Bleisilikatglas . . .	3600	2100

Die Aggregatzustände der Materie. Die beiden Moduln, der Volumenmodul und der Gestaltmodul, sind außerordentlich geeignet, um die unendlich vielen verschiedenen Arten von Materie, die es gibt, in bestimmte Klassen einzuordnen, Klassen, die freilich, wie sich sofort herausstellt, einander nicht völlig ebenbürtig sind. Stillschweigend haben wir nämlich bis jetzt solche Stoffe betrachtet, die einen bestimmten endlichen Widerstand sowohl gegen Volumen- als gegen Gestaltänderung besitzen. Man nennt solche Körper „feste Körper", man sagt, sie befinden sich im festen Aggregatzustande. Dagegen gibt es andere Stoffe, die zwar ebenfalls eine bestimmte endliche Volumenelastizität, dagegen eine kaum merkliche, außerordentlich geringe Gestaltelastizität haben, also Beanspruchungen, die es auf Änderung ihrer Gestalt absehen, keinen irgendwie erheblichen Widerstand entgegensetzen; ihre Teile sind äußerst leicht seitlich gegeneinander beweglich. Solche Körper nennt man Flüssigkeiten. Endlich gibt es drittens Stoffe, die die eben besprochene Eigenschaft mit den Flüssigkeiten gemein haben, die sich aber auch in bezug auf Volumenbeanspruchung ganz eigentümlich, und zwar gänzlich abweichend sowohl von den festen wie von den flüssigen Stoffen verhalten; sie setzen nämlich der Kompression, der Volumenverminderung einen nicht unerheblichen Widerstand entgegen, der Volumenvergrößerung dagegen setzen sie nicht nur überhaupt keinen Widerstand entgegen, sondern sie dehnen sich von selbst so weit aus, als es die Raumverhältnisse gestatten, sie nehmen jeden ihnen dargebotenen Raum ein. Diese Stoffe nennt man Gase; man sagt, sie gehören dem gasförmigen Aggregatzustande an. In populärer, aber nicht zutreffender Weise werden diese Verhältnisse häufig durch den Satz ausgesprochen: die festen Körper haben selbständiges Volumen und selbständige Gestalt, die flüssigen haben selbständiges Volumen, aber keine selbständige Gestalt, die Gase haben weder selbständiges Volumen noch selbständige Gestalt.

Betrachten wir die Eigentümlichkeiten der Flüssigkeiten und Gase noch etwas genauer! Eine Flüssigkeit läßt sich ungefähr ebensogut, meist sogar noch etwas leichter zusammendrücken als ein fester Körper; wenn man sie dagegen mit einem Gase vergleicht, so ist ihre Kompressibilität sehr gering, und man bezeichnet daher die Flüssigkeiten speziell als inkompressible Flüssigkeiten; die Gase sind dann im Gegensatz hierzu kompressible Flüssigkeiten, und der Name Flüssigkeiten besagt dann in dieser allgemeinen Fassung lediglich, daß die Teilchen leicht gegeneinander bewegt werden können, daß der Gestaltwiderstand gering ist. Der Widerstand gegen Kompression ist z. B. (wieder in kg* pro qmm) bei

Quecksilber 3450 Wasser 220 Rüböl 170 Alkohol 110

Wie verhalten sich nun in dieser Hinsicht die Gase? Kann man auch für diese einen bestimmten Volumenmodul angeben? Daß dies nicht möglich ist, daß man es hier mit einem ganz anderen Verhalten zu tun hat, ist gerade das Charakteristische für die Gase. Aber gerade für diese gilt ein höchst merkwürdiges und einfaches Gesetz, das schon vor mehr als zwei Jahrhunderten zuerst von dem Engländer Boyle und bald darauf von dem Franzosen Mariotte gefunden wurde und lautet: Das Volumen eines Gases steht im umgekehrten Verhältnis zu dem Drucke, unter dem es steht; oder auch in umgekehrter Auffassung: Der Druck, den eine bestimmte Gasmenge (z. B. 1g) nach außen ausübt, steht im umgekehrten Verhältnis zu dem Volumen, das es einnimmt; oder noch anders ausgedrückt: Das Produkt aus Volumen und Druck ist für eine bestimmte Gasmenge (und bei einer bestimmten Temperatur) immer dasselbe. Man kann dieses Gesetz sehr anschaulich durch eine Zeichnung zur Darstellung bringen, indem man von einem Anfangspunkt aus eine Horizontale, die Abszissenachse, und eine Vertikale, die Ordinatenachse, zieht, auf jener die Drucke, auf dieser die

Volumina abträgt und irgendeinen Punkt in der Ebene, z. B. den Punkt p (Fig. 50) als Repräsentanten eines bestimmten Zustandes des Gases betrachtet, in dem der Druck, unter dem es steht, z. B. eine Atmosphäre, sein Volumen 1 Liter beträgt; in einem anderen Zustande q ist der Druck nur eine halbe Atmosphäre, das Volumen infolgedessen doppelt so groß, also 2 Liter, in einem dritten Zustande r ist der Druck zwei Atmosphären, das Volumen also nur $^1/_2$ Liter; verbindet man alle diese Punkte, so erhält man eine bestimmte Kurve, die sog. gleichseitige Hyperbel; diese Kurve stellt das Boylesche Gesetz dar, es ist die Zustandskurve eines Gases. Was anderseits die Gestaltelastizität betrifft, so ist diese, wie gesagt, sowohl bei Flüssigkeiten wie bei Gasen im allgemeinen sehr klein; aber es gibt doch Fälle, wo sie recht erheblich wird, und solche Flüssigkeiten nennt man zähe Flüssigkeiten, ihren Widerstand gegen Gestaltänderungen „Zähigkeit"; dahin gehören z. B. die Öle, und bei einigen Flüssigkeiten, so beim Pech, ist die Zähigkeit so groß, daß man fast im Zweifel sein kann, ob man es hier noch mit einer Flüssigkeit oder schon mit einem festen Körper zu tun hat.

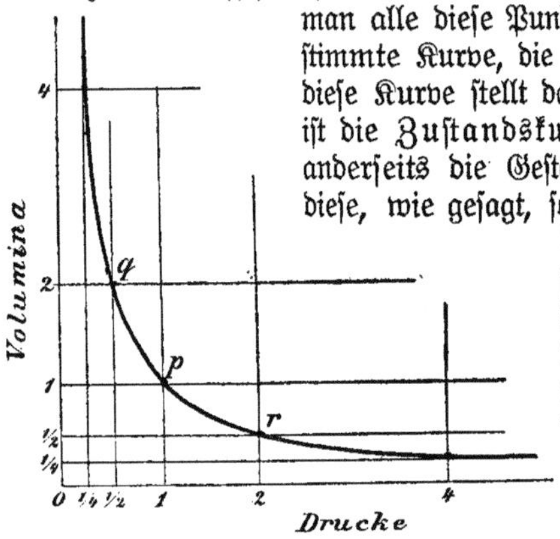

Fig. 50

Daß übrigens ein und derselbe Stoff unter Umständen verschiedenen Aggregatzuständen angehören kann, ist allbekannt: das Wasser ist als Eis fest, als Wasser flüssig, als Wasserdampf gasförmig. Um dieses Verhalten näher verfolgen zu können, müssen wir zunächst einen Begriff einführen, der zu den alltäglichen Begriffen gehört, und der in fast alle Naturzustände und Naturgeschehnisse mächtig eingreift: den Begriff der Temperatur.

Die Temperatur. Wenn man sagt, der Mensch habe fünf Sinne, so faßt man dabei zwei strenggenommen ganz verschiedene Sinne in einen einzigen, das Gefühl, zusammen, nämlich den Tastsinn und den Temperatursinn; jener ist die Fähigkeit, Drucke, dieser die Fähigkeit, Temperaturen zu empfinden. Übrigens ist unser Temperatursinn gerade wie unser Zeitsinn äußerst unvollkommen und zu wissenschaftlicher Benutzung durchaus nicht geeignet; man muß den Temperaturzustand der Körper auf eine andere Weise, mit Hilfe eines geeigneten Apparates, messen: dieser Apparat ist das Thermometer, z. B. das Quecksilberthermometer. Wenn man das Thermometer in eine Flüssigkeit, deren Temperatur ermittelt werden soll, taucht und abwartet, bis das Quecksilber einen festen Stand annimmt, so kann man diesen Stand als charakteristisch für die Temperatur der Flüssigkeit betrachten. Um sich eine Temperaturskala zu verschaffen, wählt man zwei praktisch leicht festzulegende Temperaturzustände, nämlich den des schmelzenden Eises und den des bei Atmospärendruck verdampfenden Wassers und nennt jenen die Temperatur null, diesen, bei der jetzt in der Wissenschaft allgemein und in der Praxis vorwiegend benutzten hundertteiligen oder Celsiusskala, die Temperatur hundert; den Zwischenraum teilt man in 100 Grad und setzt diese unterhalb 0 und oberhalb 100 gleichmäßig fort.

Es hat sich nun im Laufe der Jahrhunderte gezeigt, daß die Temperatur fast auf alle Zustände und Vorgänge in der Natur einen Einfluß ausübt, zuweilen einen schwachen, häufig aber einen sehr erheblichen. Der erste dieser Einflüsse, derjenige, welcher der Benutzung des Termometers zugrunde liegt, ist der Einfluß der Temperatur auf das Volumen der Körper, die sog. thermische Ausdehnung. Fast alle festen Stoffe und alle Gase dehnen sich mit steigender Temperatur aus, und auch bei den Flüssigkeiten gibt es eigentlich nur eine, die dies nicht im ganzen Bereiche der Temperaturskala tut, sondern in einem bestimmten, wenn auch kleinen Gebiete der Skala sich mit steigender Temperatur zusammenzieht: diese Flüssigkeit ist das Wasser. Wennn seine Temperatur allmählich von 0^0 auf 4^0 steigt, zieht sich das Wasser fortwährend zusammen, es erreicht bei 4^0 sein „Dichtemaximum", und erst von hier ab dehnt es sich mit steigender Temperatur erst langsam, dann immer schneller aus. Auf die große Bedeutung dieser eigentümlichen Tatsache für den Haushalt der Natur einzugehen, ist hier nicht der Ort.

Gasgesetze. Am einfachsten ist das Gesetz, nach dem sich die Gase mit steigender Temperatur ausdehnen, und das nach seinem Entdecker das Gay-Lussacsche Gesetz heißt: für jeden Grad wächst ihr ursprüngliches Volumen um gleich viel, und dieser Zuwachs ist sogar für alle Gase nahezu gleich groß, nämlich $^1/_{273}$ des Volumens bei 0^0 C. Bei 100^0 C hat also das Volumen schon um $^{100}/_{273}$, bei 273^0 C schon um seinen ursprünglichen Betrag, also auf das Doppelte, zugenommen.

Nimmt man anderseits an, daß sich die Gase auch unterhalb 0° um ebensoviel zusammenziehen, so würde man zu dem Ergebnis kommen, daß sie bei — 273° C gar kein Volumen mehr einnehmen; ein Schluß, der keine tatsächliche Bedeutung hat, weil man diesen Punkt niemals erreichen kann, der aber formell dazu dienen kann, eine neue und gewissermaßen „absolute" Temperaturskala aufzustellen, die mit dem „absoluten Nullpunkt" (— 273° C) beginnt und nun in Celsiusgraden aufsteigt; man erhält offenbar die absolute Temperatur eines beliebigen Zustandes, indem man zu seiner Celsiustemperatur 273 hinzufügt: das Eis schmilzt bei 273°, das Wasser kocht bei 373° absoluter Temperatur. Mit Hilfe dieser absoluten Temperatur kann man nun unser Gesetz viel einfacher in der Form aussprechen: das Volumen eines Gases steht mit der absoluten Temperatur in direktem Verhältnis.

Übrigens gilt das Gay-Lussacsche Gesetz natürlich nur unter der Voraussetzung, daß der Druck, unter dem das Gas steht, immerfort unverändert bleibt, und es steht diesem Gesetz geradezu ein zweites zur Seite, das für den Fall, daß im Gegenteil das Volumen des Gases bei steigender Temperatur ungeändert erhalten wird, besagt, daß alsdann die Spannung des Gases für jeden Temperaturgrad gerade um $^1/_{273}$ ihres Wertes steigt, oder daß sie in direktem Verhältnis zur absoluten Temperatur steht. Man kann jenes Gesetz das Gay-Lussacsche Volumengesetz, dieses das Gay-Lussacsche Spannungsgesetz nennen. Das Volumengesetz wird sich geltend machen, wenn man ein Gas in einem offenen Gefäß erwärmt, so daß die Spannung sich stets ausgleichen kann, während das Volumen wächst; das Spannungsgesetz wird sich geltend machen, wenn man das Gas in einem geschlossenen Gefäß erwärmt, so daß das Volumen sich nicht ändern kann und infolgedessen die Spannung wächst. Bleibt weder das Volumen noch die Spannung konstant, sondern ändern sich beide, so weiß man doch nach dem früher

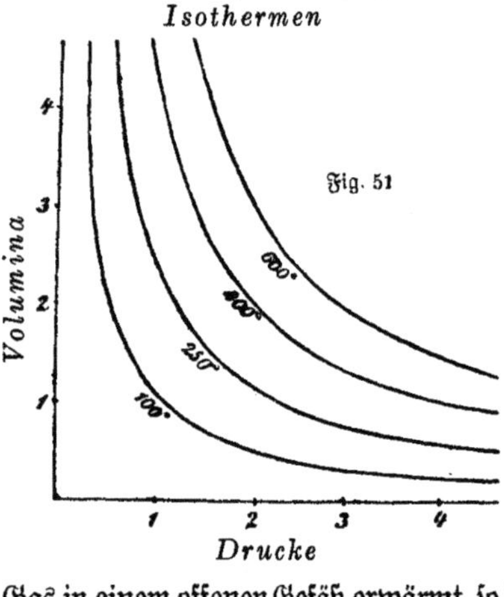

Fig. 51

besprochenen Boyleschen Gesetz, daß sie sich, von der Temperatur abgesehen, im umgekehrten Verhältnis ändern, daß also ihr Produkt bei gleicher Temperatur immer dasselbe bleibt, und man erhält daher nun das folgende Gesetz, das man als **kombiniertes Boyle-Gay-Lussacsches Gesetz** oder als **Grundgesetz der Gase** bezeichnen kann: **Das Produkt aus Volumen und Spannung eines Gases steht in direktem Verhältnis zur absoluten Temperatur.** Die bei dem Boyleschen Gesetz ausgeführte Zeichnung (Fig. 51) können wir jetzt vervollständigen, indem wir beachten, daß die Hyperbel, die wir dort als Zustandskurve des Gases bezeichnet haben, diese Rolle nur bei einer bestimmten, während des ganzen Kompressionsversuches konstant erhaltenen Temperatur spielt, und daß wir ähnliche Hyperbeln für jede andere Temperatur entwerfen können; man erhält dann das Bild der Fig. 51. Die in ihr enthaltenen einzelnen Kurven nennt man, da alle Punkte einer solchen Kurve sich auf dieselbe Temperatur beziehen, die Isothermen des Gases; jede Isotherme bezieht sich auf eine andere Temperatur.

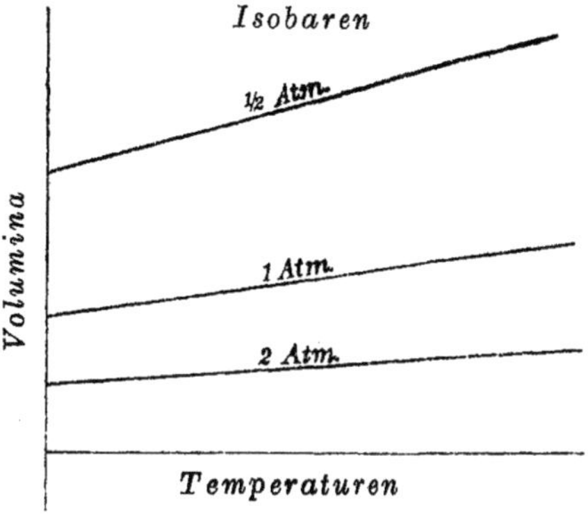

Fig. 52

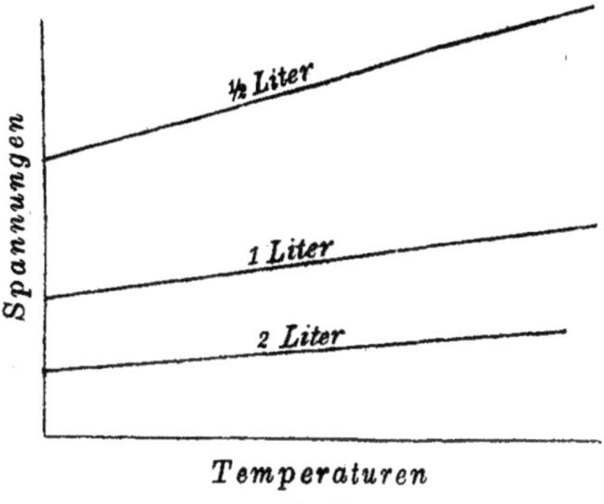

Fig. 53

Statt der Isothermen eines Gases kann man noch zwei andere Arten von Kurven zeichnen, die dasselbe Verhalten in ebenfalls anschaulicher Weise charakterisieren. Man trägt nämlich nach rechts die Temperaturen, nach oben die Volumina auf und erhält, von dem Volumen ausgehend, welches das Gas bei 0° C einnimmt, infolge des Gay-Lussacschen Gesetzes, nach dem für jeden Grad das Volumen um gleichviel zunimmt, eine gerade, nach rechts oben ansteigende Linie (Fig. 52). Diese Linie gilt aber nur für einen bestimmten während der ganzen Erhitzung konstant erhaltenen Druck, z. B. für den Druck einer Atmosphäre; sie heißt daher Linie gleichen Druckes oder Isobare, und es stehen ihr für andere Drucke, z. B. für $^1/_2$ Atmosphäre oder für 2 Atmosphären Druck ähnliche Isobaren zur Seite. Nimmt man endlich (Fig. 53) als Abszissenachse wieder die Temperatur, nach oben aber die Spannung des Gases, so erhält man ganz dieselben Kurven, von denen aber jede einzelne jetzt angibt, wie mit steigender Temperatur bei konstant gehaltenem Volumen die Spannung des Gases sich erhöht; diese Kurven heißen daher Linien gleichen Volumens oder Isochoren; Isochoren und Isobaren sind, wie man sieht und wegen der Gleichartigkeit der beiden Gay-Lussacschen Gesetze erwarten konnte, einander ganz ähnlich.

Wie man sieht, muß man, um ein Gas zu charakterisieren, drei Zeichnungen entwerfen, eben weil drei Größen, Temperatur, Druck und Volumen, für den Zustand des Gases maßgebend sind. Man kann aber die Zustände des Gases auch durch eine einzige Darstellung veranschaulichen, wenn man aus der Papierebene heraustritt und eine Reliefzeichnung anfertigt. Man trägt z. B. in der Grundebene nach rechts die Temperatur, nach hinten den Druck auf (die Zeichnung ist perspektivisch anzusehen, die beiden Grundachsen stehen aufeinander senkrecht) und errichtet nun in jedem Punkte der Grundebene, z. B. in p ein Perpendikel, das durch seine Länge, also durch seinen Endpunkt P dasjenige Volumen darstellt, welches die gegebene Gasmasse bei der betreffenden Temperatur und dem betreffenden Druck einnimmt (Fig. 54);

Fig. 54

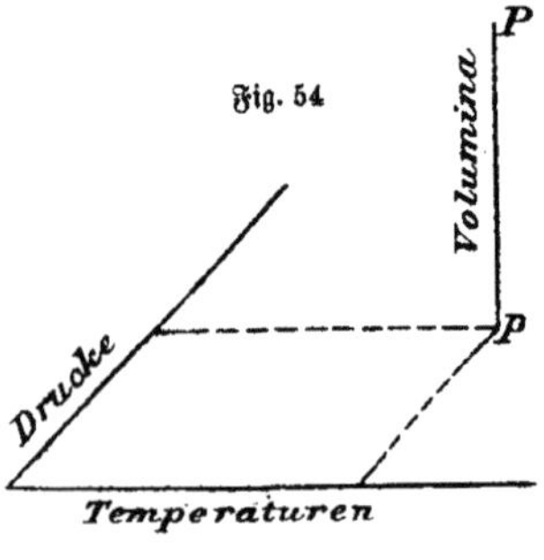

auf diese Weise erhält man über der Grundebene eine krumme Fläche, die man die Zustandsfläche des Gases nennen kann. Solche Flächen hat man in Gips oder in Holz ausgeführt und benutzt sie mit Erfolg zur Veranschaulichung der Zustände von Gasen (und anderen Stoffen).

Aggregatzustände. Aber die Temperatur verändert nicht nur das Volumen der Körper, sie kann sie auch aus einem in einen anderen Aggregatzustand überführen. Wenn man einem Stücke Eis mehr und mehr Wärme zuführt, so daß seine Temperatur, die vorher unter 0° war, allmählich auf 0° C steigt, so fängt es an zu schmelzen, und es behält nunmehr die Temperatur 0° bei, bis der letzte Rest Eis in den flüssigen Zustand übergegangen ist; die umgekehrte, durch Entziehung von Wärme hervorgerufene Erscheinung nennt man Erstarrung. Ebenso verwandelt sich, wenn man Wasser mehr und mehr erwärmt, dieses bei 100° in Wasserdampf, also in gasförmige Materie, ein Vorgang, den man Verdampfung, dessen Gegenstück man Kondensation oder Verflüssigung nennt. Es wäre indessen allgemein nicht richtig zu sagen: Eis schmilzt bei 0° C, Wasser kocht bei 100° C. Vielmehr gilt das nur, wenn der Druck, von dem wir ja schon wissen, daß er stets mitspricht, ein ganz bestimmter, nämlich gerade gleich dem Druck einer Atmosphäre ist; bei einem anderen Drucke ist der Schmelzpunkt und der Siedepunkt ein anderer; und wenn der Einfluß des Druckes auf den Schmelzpunkt nicht sehr erheblich ist, so ist er desto mächtiger in bezug auf den Siedepunkt. Während das Wasser unter einem Atmosphärendruck bei 100° siedet, siedet es unter einer halben Atmosphäre schon bei 82° und unter zwei Atmosphärendrucken erst bei 120°; jenes kann man z. B. auf einem hohen Berge beobachten, dieses benutzt man technisch in den Hochdruckdampfkesseln. Je kleiner der Druck, desto tiefer, je größer der Druck, desto höher liegt der Siedepunkt.

Wenn man diesen letzteren Satz umkehrt, so kann man leicht zu einem Schlusse kommen, der in der Geschichte der Naturlehre eine große Rolle gespielt und erst, als er sich als irrig erwies, einem neuen Fortschritt die Wege gebahnt hat. Bei den gewöhnlichen Gasen nämlich, z. B. für die Luft, liegt offenbar der Verflüssigungspunkt sehr tief unten in der Temperaturskala, da doch die Luft selbst bei den größten, von der Natur selbst dargebotenen Kälten, sogar bei — 40° C noch gasförmig ist. Man müßte also, um die Luft zu kondensieren, entweder noch viel tiefer in der Skala hinabgehen oder aber daran denken, daß doch dieser tiefe Siedepunkt nur für gewöhnlichen Atmosphärendruck gilt, daß man es also bequemer haben wird, wenn man einen stärkeren Druck anwendet, und zwar, wie man glauben kann, einen so starken, daß dadurch der Verflüssigungspunkt der Luft in dem leicht zugänglichen Bereich der Temperaturskala, vielleicht bis auf 0° C oder dergleichen gehoben wird. Man hat aber bei diesen Versuchen, Gase durch starken Druck zu verflüssigen, stets negative Erfolge gehabt, und man hat erst verhältnismäßig spät eingesehen, daß man keinen positiven Erfolg haben konnte. Denn es zeigte sich, und zwar zuerst bei der Kohlensäure, die unter gewöhnlichem Drucke bei — 80° C sich verflüssigt, daß man allerdings durch Steigerung des Druckes diesen Verflüssigungspunkt mehr und mehr heraustreiben kann, zuletzt bei 70 Atmosphären Druck bis auf + 31° C; aber bei noch höheren Temperaturen verflüssigt sich die Kohlensäure unter keinen Umständen, man mag den Druck noch so hoch steigern. Diese Temperatur, oberhalb deren eine Verflüssigung eines Gases nicht mehr möglich ist, nennt man seine kritische Temperatur, den entsprechenden Druck den kritischen Druck, und den Zustand, in dem sich hierbei das Gas befindet, seinen kritischen Zustand. Bei Luft liegt nun der gewöhnliche Verflüssigungspunkt bei — 190° C, und selbst die kritische Temperatur ist noch — 140°, d. h. selbst bei Steigerung des Druckes auf 39 Atmosphären verflüssigt sich die Luft erst bei dieser Kälte, und bei höheren Temperaturen kann sie überhaupt nicht kondensiert werden. Es ist daher nicht zu verwundern, daß alle früheren Versuche, Luft durch Zusammendrückung flüssig zu machen, scheitern mußten. Man kann diese Verhältnisse sehr anschaulich darstellen, wenn man wieder irgendeine der beschriebenen Klassen von Zustandskurven, z. B. die Isothermen, zeichnet. Die Horizontalachse stellt also die Volumina, die

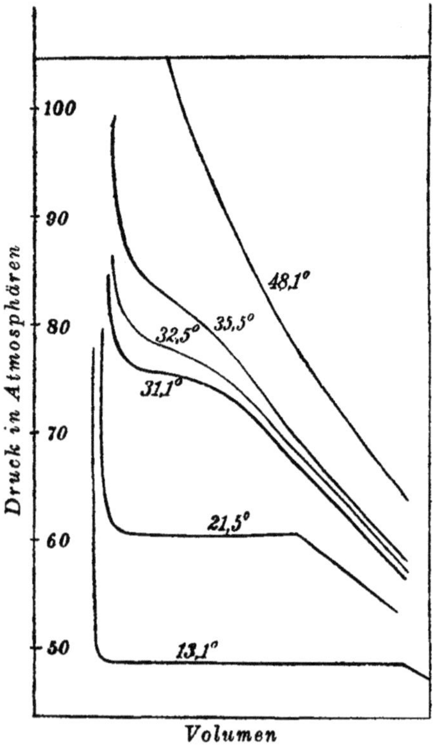

Fig. 55

Vertikalachse die Drucke in Atmosphären dar; und wir wollen, bei hohem Volumen beginnend, das Gas — es sei die Kohlensäure — allmählich komprimieren, und zwar bei einer bestimmten Temperatur, die fortwährend konstant erhalten wird, z. B. dadurch, daß der Apparat in ein großes Wasserreservoir von der betreffenden Temperatur taucht und die Kompression so langsam vorgenommen wird, daß die entstehende Wärme Zeit hat abzufließen. Ist diese konstante Temperatur z. B. 13,1° oder 21,5°, so erhalten wir die beiden, in der Hauptsache gleichartigen untersten Kurven der Fig. 55. Bei einer bestimmten Volumenverminderung tritt Verflüssigung ein; und bis diese beendet ist, bleibt der Druck immer derselbe, im ersten Falle 48, im zweiten 61 Atmosphären. Stellen wir nun aber drittens denselben Versuch bei 31,1° an, so tritt bei der Verflüssigung, wie die stark gezogene Kurve zeigt, keine Volumenverminderung mehr ein, die Kurve hat kein wirklich horizontales Stück. Die kritische Temperatur ist also etwa 31°, der kritische Druck, wie man sieht, etwa 73 Atmosphären. Oberhalb dieser Daten geht, wie die drei obersten Kurven zeigen, die gasförmige Kohlensäure unmerklich in die flüssige über, d. h. die letztere ist als solche nicht zu erkennen, wir sagen (was eigentlich nicht ganz richtig ist): oberhalb 31° ist die Kohlensäure nicht mehr zu verflüssigen.

Im folgenden sind für einige Stoffe der Schmelzpunkt, der Siedepunkt und der kritische Punkt angegeben; die beiden ersteren beziehen sich, wie nach dem Erörterten einleuchtend ist, auf gewöhnlichen Atmosphärendruck; bei dem kritischen Punkt ist nebeneinander die kritische Temperatur und der gleichzeitig herrschende kritische Druck in Atmosphären verzeichnet.

Schmelzpunkt.

Sauerstoff	— 222°
Stickstoff	— 214
Chlor	— 102
Alkohol	— 90
Quecksilber	— 39
Wasser	— 0
Baumöl	+ 2
Schwefelsäure	10
Butter	32
Wachs	63
Woodsches Metall	66
Schwefel	115
Zinn	230
Blei	327°
Aluminium	645
Bronze	900
Glas	500—1000
Gold	1060
Eisen	1200—1500
Platin	1750
Quarz	über 2000

Siedepunkt.

Luft	— 191°
Kohlensäure	— 80
Chlor	— 33
Alkohol	+ 78
Wasser	100
Terpentinöl	100°
Quecksilber	357
Schwefel	448
Zink	1000
Blei	1500

Kritischer Punkt.

	Temp.	Druck
Wasserstoff	— 234°	20
Luft	— 140	39
Sauerstoff	— 118	50
Kohlensäure	+ 31	73
Alkohol	242	63
Wasser	364	195

Unter den Flüssigkeiten gibt es übrigens eine Klasse, die sich durch besondere Eigenschaften auszeichnet: es sind dies die Lösungen, d. h. die Flüssigkeiten, die entstehen, wenn man einen festen Körper, z. B. Kochsalz, in einer Flüssigkeit, z. B. Wasser, auflöst. Diese Lösungen gehören zwar durchaus zu den Flüssigkeiten; aber sie haben gewisse Eigenschaften, welche sie in völlige Parallele mit den Gasen stellen. Wenn man nämlich ein Gas, z. B. Wasserdampf, mehr und mehr verdichtet, indem man es zusammendrückt, so kommt es schließlich in den sog. gesättigten Zustand, d. h. der Raum, den es einnimmt, ist mit Dampf gesättigt, und jede weitere Zusammendrückung hat zur Folge, daß sich ein Teil des Dampfes als flüssiges Wasser niederschlägt. Genau so kann eine Salzlösung durch Hinzufügen von mehr und mehr Salz den gesättigten Zustand erreichen, bei größerem Salzgehalt wird sich Salz als fester Körper ausscheiden. Diese Analogie hat, wie wir bald sehen werden, zu einer nahezu identischen Hypothese für das Wesen der Gase und der Lösungen geführt.

Der Äther. Außer den in der Welt nachweisbaren Stoffen hat man im Laufe der Zeiten auch noch hypothetische Stoffe eingeführt, um die beobachteten Erscheinungen zu begreifen. Einige dieser Stoffe, so der „Wärmestoff", haben sich nicht bewährt; und auch die Annahme, daß das, was wir „Elektrizität" und „Magnetismus" nennen, feine Stoffe seien, hat eine sehr wechselnde und niemals zu voller Klarheit durchgedrungene Rolle gespielt. Am berühmtesten von allen diesen hypothetischen Substanzen ist der Äther geworden. Er wird auch als Weltäther bezeichnet, weil er angeblich das ganze Universum durchdringt, oder als Lichtäther, weil er uns die Lichterscheinungen, allgemeiner gesagt: die Strahlungserscheinungen verständlich machen soll. Denn ohne stoffliches Substrat konnte man sich Strahlung nicht recht vorstellen, und von den bekannten Stoffen konnte keiner der Träger der der Strahlung zugrunde liegenden Wellenbewegung sein, weil dieser Stoff sich dann vielfach, z. B. bei der Bewegung der Himmelskörper, insbesondere der Kometen, hätte bemerklich machen müssen, was nicht der Fall ist. Freilich mußte man dem Äther sehr merkwürdige Eigenschaften beilegen: er mußte von äußerst geringer Dichte sein und doch nicht dem gasigen, sondern dem festen Aggregatzustande angehören, er mußte sich in den verschiedenen Stoffen, die er durchdringt, ganz verschieden verhalten usw. Schließlich hat die moderne Relativitätstheorie, die mit dem Äther nichts Brauchbares anzufangen wußte, seine hypothetische Existenz vollends erschüttert; und es wird von dem weiteren Verlaufe dieser Theorie mit Rücksicht auf die neuesten Beobachtungen abhängen, in welcher Form er etwa wieder erstehen wird.

VIII. Konstitution der Materie.

Molekeln und Atome. Seit den ältesten Zeiten stehen sich zwei Vorstellungen über das Wesen der Materie gegenüber: die Stetigkeitstheorie und die Molekulartheorie. Nach jener ist die Materie überall vorhanden, sie erfüllt den Raum stetig; nach dieser besteht die Materie aus kleinsten Teilen, den Molekeln (nicht „Molekülen", wie leider — sprachlich falsch — vielfach gesagt wird), der Zwischenraum ist leer (oder mit Weltäther angefüllt); jene, die Stetigkeitstheorie, entspricht der naiven Vorstellung, diese, die Molekulartheorie, entspricht dem Drang des Menschen, die Geheimnisse der sichtbaren Welt auf die Geheimnisse einer unsichtbaren Welt, den Makrokosmos auf den Mikrokosmos zurückzuführen. Diejenige Wissenschaft, welche sich zuerst völlig auf den Boden der Molekulartheorie stellte, ist die Chemie, weil das Grundgesetz der chemischen Verbindungen, wonach sich zwei Stoffe immer in ganz bestimmten Gewichtsverhältnissen vereinigen, am einfachsten durch die Annahme von Molekeln erklärt werden konnte; und es gibt kaum ein wunderbareres Lehrgebäude als dasjenige, welches die Chemie im Laufe des 19. Jahrhunderts auf diesem Fundamente errichtet hat, wunderbar in gleichem Maße hinsichtlich der wissenschaftlichen Ergebnisse, wie hinsichtlich der Anwendung auf die Praxis. Mit der einfachen Annahme, daß die Körper aus Teilchen, Molekeln, bestehen, ist man freilich nicht ausgekommen; es war notwendig, einen Schritt weiter zu gehen und anzunehmen, daß die Molekeln ihrerseits wiederum zusammengesetzt sind, und zwar aus Atomen, und daß erst diese die eigentlichen Bausteine der Körper sind. Man hat hiernach zu unterscheiden: einmal, ob ein Körper Molekeln besitzt, die aus je einem oder zweien oder mehr Atomen bestehen (ein-, zwei- usw. atomige Stoffe), und sodann, ob ein Körper Molekeln besitzt, die aus lauter gleichartigen Atomen bestehen oder aus solchen mit verschiedenen Eigenschaften; jene nennt man Elemente, diese Verbindungen. Das Charakteristische eines Elementes oder Elementarstoffes ist also nicht etwa, daß es einatomig ist, sondern daß alle seine Atome gleichartig sind; einatomig sind überhaupt nur sehr wenig Stoffe, z. B. der Quecksilberdampf, der

Zinkdampf und die neu entdeckten Edelgase; die meisten sind zweiatomig, und hierher gehören z. B. die wichtigsten Gase, wie Sauerstoff, Wasserstoff und Stickstoff; noch andere sind drei- und mehratomig. Unter den Verbindungen sind offenbar die einfachsten die zweiatomigen, wie das Chlorwasserstoffgas, das ein Chlor- und ein Wasserstoffatom enthält; anderseits gibt es aber Verbindungen mit außerordentlich vielen Atomen, und am weitesten gehen in dieser Hinsicht die des näheren größtenteils noch unbekannten organischen Stoffe, zumal die das eigentliche Leben der Organismen bedingenden Stoffe, wie das Eiweiß, das jedenfalls aus vielen Hunderten von Atomen zusammengesetzte Molekeln besitzt. Der Einfachheit halber hat man für die Elemente Buchstaben eingeführt, die man bei den Verbindungen entsprechend zusammenstellt; und zwar versteht man darunter eine Molekel der betreffenden Substanz, fügt aber, um die Zahl der Atome in dieser Molekel anzudeuten, einen Index bei; so bedeutet Hg (Hydrargyrum) die Quecksilbermolekel, die mit dem Quecksilberatom identisch ist; dagegen wird die Sauerstoffmolekel (Oxygenmolekel) mit O_2 bezeichnet, die Wassermolekel, weil sie zwei Atome Wasserstoff (Hydrogen) und ein Atom Sauerstoff enthält, mit H_2O usw.

Die Molkulartheorie oder, wie wir jetzt auch sagen können, die Atomistik, verdankt ihr Dasein wie gesagt in erster Linie dem Gesetz der einfachen Gewichtsverhältnisse bei den chemischen Verbindungen, und so ist denn die wichtigste Eigenschaft der Atome und Molekeln ihr Gewicht, nicht sowohl ihr wirkliches, absolutes Gewicht, als ihr Gewicht im Vergleich mit irgendeinem als Einheit benutzten Gewicht. Als solche Einheit hat man früher das Atom Wasserstoff gewählt, und in dieser Einheit war z. B. das Sauerstoffatom gleich 15,88; da sich inzwischen herausgestellt hat, daß man den Sauerstoff besser kennt und ihn deshalb auch besser zugrunde legen kann, so hat man, um nicht wieder alles gänzlich umändern zu müssen, nur die kleine Umänderung gemacht, daß man den Sauerstoff gleich 16 setzt, damit es eine ganze Zahl sei, und hierdurch wird jetzt das Wasserstoffatom 1,01. In diesem Gewichtsmaße sind nun die Atomgewichte einiger wichtiger Elemente — im ganzen sind gegenwärtig deren mehr als 87 bekannt — und die Molekulargewichte einiger Verbindungen folgende:

Atomgewichte			Molekurlargewichte		
Aluminium .	Al	27,1	Äther	$C_4H_{10}O$	74
Blei	Pb	207,2	Alkohol . . .	C_2H_6O	46
Chlor	Cl	35,5	Ammoniak . .	NH_3	17
Eisen	Fe	55,8	Anilin . . .	C_6NH_7	93
Gold	Au	197,2	Benzol . . .	C_6H_6	78
Kalium . . .	K	39,1	Blausäure . .	CNH	27
Kalzium . . .	Ca	40,1	Chinin . . .	$C_{20}H_{24}N_2O_2$	328
Kohlenstoff . .	C	12,0	Chloroform . .	CH_3Cl	50,5
Kupfer . . .	Cu	63,6	Eiweiß (?) . .	$C_{72}H_{112}SN_{18}O_{22}$	1612
Magnesium .	Mg	24,3	Flußspat . . .	$CaFl_2$	78
Natrium . . .	Na	23,0	Gips . . .	$CaSH_4O_6$	172
Phosphor . .	P	31,0	Harnstoff . .	CH_4N_2O	60
Platin . . .	Pt	195,2	Indigo . . .	$C_{16}H_{10}N_2O_2$	252
Quecksilber . .	Hg	200,6	Kalkspat . .	$CaCO_3$	100
Sauerstoff . .	O	16,0	Kohlensäure .	CO_2	44
Schwefel . .	S	32,1	Nikotin . . .	$C_{10}H_{18}N_2$	162
Silber . . .	Ag	107,9	Rohrzucker . .	$C_{12}H_{22}O_{11}$	342
Silizium . . .	Si	28,3	Salzsäure . .	HCl	36,5
Stickstoff . . .	N	14,0	Schwefelsäure	H_2SO_4	98
Wasserstoff . .	H	1,01	Steinsalz . .	NaCl	58,6
Zink	Zn	65,4	Terpentinöl .	$C_{10}H_{16}$	136
Zinn	Sn	119,0	Wasser . . .	H_2O	18
			Zinnober . .	HgS	232,4

Mit der Feststellung der Zusammensetzung der Molekeln, der Zahl, dem Gewicht und der Lagerung der Atome ist aber die Aufgabe der Atomistik noch nicht erschöpft; es erhebt sich jetzt die weitere Frage, in welchem Zustand der Ruhe oder der Bewegung die Molekeln und in ihnen die Atome sich befinden, und hier beginnt die Arbeit des Physikers. Es zeigt sich nämlich sehr bald, daß man die Erscheinungen, die selbst ein ruhender Körper, z. B. eine in einem Gefäß befindliche Luftmasse zeigt, nicht atomistisch begreiflich machen kann, wenn man annimmt, daß in dieser Luftmasse, die, als Ganzes betrachtet, ruht, auch die Molekeln selbst sich in Ruhe befinden; die Phänomene des Druckes, der Temperatur und zahllose andere würden dann keine Erklärung finden. Man muß also annehmen, daß sich die Molekeln fortwährend bewegen, und es fragt sich: von welcher Natur ist diese Bewegung? Offenbar werden sich dabei die verschiedenen Aggregatzustände, da sie doch ganz verschiedenen Druck- und Temperaturgesetzen unterliegen, verschieden verhalten. Es hat sich nun gezeigt, daß man zunächst wenigstens zwei große Gruppen von Körpern unterscheiden kann: die festen und die flüssigen einerseits und die Gase anderseits, und man kann diesen Gegensatz durch ein Bild aus dem Leben der Menschheit sehr gut veranschaulichen. Bei den Gasen sind nämlich die Molekeln „Nomaden", bei den festen und flüssigen Stoffen sind sie „seßhaft"; d. h. dort haben sie keinen bestimmten Sitz, sie ziehen von einem Orte zum andern, um, außer in zufälligen Ausnahmefällen, nicht wieder an jenen zurückzukehren; hier, bei den festen und flüssigen Stoffen, bewegen sie sich auch, aber stets hin und zurück, sie bewegen sich um einen festen Sitz herum, den sie stets im großen und ganzen beibehalten. Diese Vorstellung ist, was die festen und flüssigen Stoffe betrifft, bisher nur in ganz ungefähren Umrissen ausgeführt worden; aber für die Gase besitzt man gegenwärtig eine äußerst vollkommene und in ihren Leistungen geradezu bewundernswürdige Theorie, „die kinetische Gastheorie", die von der Vorstellung ausgeht, daß die Molekeln auch in einem als Ganzes ruhenden Gase fortwährend geradlinig und mit konstanter Geschwindigkeit, aber nach allen möglichen Richtungen, sich bewegen, etwa wie die Mücken in einem Mückenschwarm; eben weil sie nach allen Richtungen gleichmäßig schwirren, bleibt das Gas als Ganzes in Ruhe; bei einem bewegten Gase wird eben diese Bewegungsrichtung auch bei dem Schwirren der Molekeln vorzugsweise vorkommen, sie wird im Übergewicht sein gegen die andern ebenfalls vorkommenden Schwirrungsrichtungen. Mitunter wird es nun vorkommen, daß eine Molekel an eine andere anstößt, oder daß sie ihr doch so nahe kommt, daß sich eine Kraft zwischen beiden, z. B. eine Anziehungskraft, geltend macht, und die Folge hiervon wird die sein, daß die erste Molekel nunmehr in einer anderen Richtung fortschwirren wird; ob dabei wirklich ein Zusammenstoß stattgefunden hat oder nur eine Ablenkung, etwa in der Art (Fig. 56), wie sich ein Komet um die Sonne herum bewegt, das ist, wie die beiden Figuren zeigen, im Resultat ziemlich gleichgültig.

Diese Vorstellung liefert nun sofort eine Analyse der drei wichtigsten Zustandsgrößen: der Dichte, des Druckes, der Temperatur. Die Dichte ist einfach die Masse aller in einem Kubikzentimeter enthaltenen Molekeln, der Druck beruht auf der Geschwindigkeit der schwirrenden Bewegung. Auf diese Weise kann man die Geschwindigkeit der Molekeln geradezu aus der Erfahrung rückwärts berechnen, und in ähnlicher Weise erhält man aus den Erscheinungen der Reibung, Wärmeleitung und Diffusion die andere für die Bewegung der Molekeln charak-

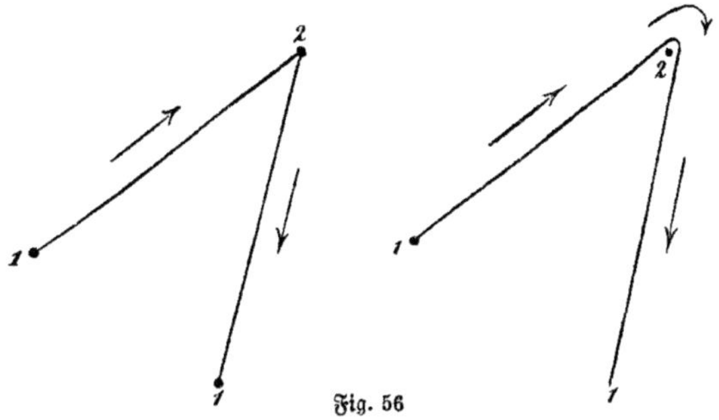

Fig. 56

teristische Größe, die Weglänge, d. h. die Strecke, die eine Molekel zwischen zwei Zusammenstößen zurücklegt. Natürlich sind die so erhaltenen Zahlen nur Durchschnittswerte, im einzelnen kann sich diese Molekel rascher, jene langsamer bewegen, diese kann eine größere, jene eine kleinere Weglänge haben, und auch für eine und dieselbe Molekel wird sie sich infolge der Stöße fortwährend ändern; alles das aber nimmt jenen Durchschnittswerten nichts von ihrer Bedeutung, da für die Erscheinung, die das Gas als Ganzes darbietet, doch eben nur diese Durchschnittswerte in Betracht kommen. Im übrigen ist, wie aus dem Gesagten folgt, die Geschwindigkeit der Molekeln je nach der Temperatur des Gases und die Weglänge je nach der Temperatur und der Spannung des Gases (oder seiner Dichte) verschieden. Für normale Verhältnisse, d. h. 0° C und gewöhnlichen Atmosphärendruck, sind hier einige Molekulargeschwindigkeiten und molekulare Weglängen angegeben:

Gas	Mittlere Molekulargeschwindigkeit in m pro sec	Weglänge in cm
Luft	485	0,0000095
Sauerstoff	461	0,0000106
Stickstoff	492	0,0000095
Wasserstoff	1843	0,0000186
Chlor	310	0,0000047
Wasserdampf	614	0,0000065
Kohlensäure	392	0,0000068

Betrachtet man bloß die Geschwindigkeiten für sich, so wird man über die kolossalen Zahlen, z. B. für Luft nicht weniger als 485 m in der Sekunde, erstaunt sein, und man könnte sich wundern, daß unter diesen Umständen nicht z. B. die Lufthülle der Erde längst in den Weltraum hinaus zerstoben sein sollte; die außerordentlich kleinen Zahlen für die Weglängen zeigen aber, daß die Molekeln, wenn auch mit großer Geschwindigkeit, so doch nur ganz unvorstellbar kurze Zeit geradlinig schwirren können, ohne anzustoßen; dadurch werden sie aber in andere Bahnen gelenkt, und so bleibt im ganzen die Schar der Molekeln doch auf einen relativ kleinen Raum beschränkt.

Schließlich hat man es auch zuwege gebracht, über die Teilchen selbst einiges zu erfahren. Die Zahl der Teilchen im ccm (bei 0° und Atmosphärendruck) nennt man die Loschmidtsche, die Zahl im Mol (soviel g, wie das Molekulargewicht beträgt) die Avogadrosche Zahl; letztere ist das 22400fache der ersteren, und beide sind für alle Gase gleich groß. Aus den merkwürdigen Erscheinungen der Brownschen Bewegung, der Radioaktivität usw. hat man nun hierfür ziemlich genaue Zahlen abgeleitet, nämlich $L = 2{,}78 \cdot 10^{19}$ und $A = 6{,}16 \cdot 10^{23}$. Für den Molekulardurchmesser genüge die Angabe, daß er bei der Kohlensäure etwa dem dreißigmillionten Teile eines cm gleichkommt. Endlich setzten uns die Verhältnisse des Wärmeverbrauchs, wie sie in der spezifischen Wärme ihren Ausdruck finden, in den Stand, den Aufbau der Molekeln aus Atomen zu ermitteln, wobei sich gezeigt hat, daß das Studium der äußersten Kälteregionen ganz besonders aufschlußreich ist bzw. zu werden verspricht.

Im Anschlusse hieran sei an die Ähnlichkeit erinnert, die nach einer früher gemachten Bemerkung die Lösungen von festen Körpern in Flüssigkeiten mit den Gasen besitzen; in der Tat kann man eine der kinetischen Gastheorie ganz analoge Theorie auch für die Lösungen aufstellen, und auch hier hat man damit große und merkwürdige Erfolge erzielt, ja, eine ganze Wissenschaft, die physikalische Chemie, verdankt zum großen Teile dieser Analogie ihre Fundierung und Ausgestaltung.

Jahrhunderte hindurch hat man bei den Atomen haltgemacht in der Überzeugung, hiermit die letzten Bausteine der Materie ermittelt zu haben. Aber durch die neuesten Entdeckungen ist diese Überzeugung erschüttert worden, und heute ist das Bild des Mikrokosmos ein ganz anderes; es muß hier wenigstens angedeutet werden. Wenn sich eine Chlornatrium-(Kochsalz-)Molekel in ein Chlor- und ein Natriumatom spaltet, offenbart es sich, daß jedes von ihnen nicht bloß Masse, sondern auch elektrische Ladung besitzt, und zwar das eine negativ, das andre positiv; diese geladenen Atome nennt man Jonen (Wanderer), weil sie, wenn man durch die Lösung, in der sie sich befinden, einen elektrischen Strom schickt, sich auf die Wanderung nach entgegengesetzten Seiten begeben. Ein Jon ist also charakterisiert durch Masse m und Ladung e und ganz besonders durch das Verhältnis der Ladung zur Masse: e/m. Nun gibt es aber auch elektrische Erscheinungen in Gasen, und zwei der wichtigsten von ihnen sind die Kanalstrahlen und die Kathodenstrahlen, beides echte Strahlen, nicht auf Wellenbewegung beruhend, sondern aus fortgeschleuderten Teilchen bestehend. Berechnete man nun bei diesen Teilchen wiederum e/m, so erhielt man zwar bei den Kanalstrahlen genau denselben Wert wie bei den Lösungsionen, bei den Kathodenstrahlen aber einen 1830mal so großen Wert — ein Ergebnis, das zwei Erklärungen zuließ: entweder ist hier der Zähler sehr groß oder der Nenner sehr klein. Die Beobachtung der Erscheinungen entschied für das letztere, zeigte aber weiter, daß die winzige Masse dieser Teilchen gar nicht echte Masse ist, sondern fast ausschließlich eine Folge der rasenden Bewegung, also nicht „statische", sondern „kinetische" Masse. Man hat es also hier mit reinen Ladungen zu tun, und zwar, wie sich ferner zeigt, nicht mit positiven, wie bei den Kanalstrahlen, sondern mit negativen; diese Teilchen haben den Namen Elektronen erhalten.

Für das Atom aber ergibt sich nunmehr eine höchst merkwürdige Struktur: es besteht aus einem positiv geladenen, relativ massigen Kern (Jon) und einem Kranz von Elektronen, die ihn, um nicht infolge der elektrischen Anziehung auf ihn zu stürzen, umkreisen wie die Planeten die Sonne. Die Anzahl und die Bahnen dieser Elektronen sind nun für jedes Atom andere; und indem man die chemischen und physikalischen besonders aber die optischen Erscheinungen der verschiedenen Elemente untersuchte, gelangte man zu einem ganz neuen Forschungsgebiete, mit dem Ziele, Atommodelle zu konstruieren, die uns über die Struktur der Atome Klarheit verschaffen; eine Klarheit, die freilich bis jetzt erst für die einfachsten Elemente, wie Wasserstoff und Helium, Lithium und Kohlenstoff, und selbst für diese noch nicht endgültig erzielt worden ist. Was aber die Kerne selbst betrifft, so sind auch für sie, wie sich gezeigt hat, das letzthin Entscheidende nicht ihre Massen, also ihre Atomgewichte, sondern ihre elektrischen Ladungen, die sog. Kernladungen; und für diese hat sich das überraschend einfache Gesetz ergeben, daß sie, vom

Wasserstoff bis zum Uran, wie die natürlichen ganzen Zahlen, also von 1 bis 92 fortschreiten. Und wenn in dieser Reihe noch einige Plätze unbesetzt waren oder sind, so mußten oder müssen diese Lücken noch ausgefüllt werden; durch die Entdeckung des neuen Elementes Hafnium ist das schon in einem Falle geschehen. Wahrscheinlich hat es, über das Uran hinaus, noch höhere Elemente gegeben, aber sie sind im Laufe der Jahrmillionen bereits zerfallen, sie haben Elektronen und Ladungen abgegeben und sich in niedere Elemente verwandelt; und entsprechende Zerfallserscheinungen spielen sich auch jetzt noch ab, nur daß sie sich für uns kurzlebige Menschen erst nach Hunderten von Generationen geltend machen.

Wenn schließlich noch d e Unst mmigkeit besteht, daß zwar die Kernzahlen genau ganzzahlig sind, die Atomgewichte aber hiervon teilweise mehr oder weniger abweichen, was doch dem Sinn und Gesetz der Molekulartheorie der chemischen Verbindungen widerspricht, so ist auch dieses Rätsel gelöst worden durch den Nachweis, daß die meisten Elemente nicht eigentlich solche sind, sondern aus zwei oder mehr Elementen zusammengesetzt sind, die war dieselben Kernzahlen, aber verschiedene Atomgewichte, z. B. 37 und 38, haben, so daß durch ihre Mischung Bruchzahlen entstehen; solche Stoffe nennt man Isotopen.

IX. Arbeit und Energie.

Arbeit. Wir wollen nun einen Begriff einführen, den jedermann kennt, und der im Leben der Natur wie in praktischen Leben der Menschheit eine führende Rolle spielt: den Begriff der Arbeit. Die Erzeugerin der Arbeit ist die Kraft, z. B. die menschliche Muskelkraft, die Wasserkraft oder die elektrische Stromkraft; wir müssen daher von dem Begriff der Kraft ausgehen. Aber wie sich die Frucht zur Blüte verhält, aus der sie hervorgeht, die Frucht das Reale, die Blüte das Ideale ist, so verhält sich, wenigstens für die physikalischen Kräfte, die Arbeit zur Kraft: z. B. die Schwerkraft oder die elektrische Kraft, ist, wie wir sahen, lediglich eine Abstraktion, die wir gemacht haben, um uns die Vorgänge in der Natur als Wirkungen von Ursachen vorstellen zu können und damit unser Kausalitätsbedürfnis zu befriedigen. Die Arbeit dagegen, und zwar nicht bloß die Muskelarbeit, sondern ebenso die Arbeit, die von jenen abstrakten Kräften, wie Schwerkraft oder elektrischer Kraft, geleistet wird, ist etwas durchaus Reales: die Arbeit ist es, die man bezahlt, die einen Marktwert hat und den Preis der Ware oder Leistung, die aus ihr hervorgeht, wesentlich mit bestimmt. Was ist Arbeit? Wie ist sie wissenschaftlich zu definieren, und inwieweit bleibt man dabei im Einklang mit dem, was im täglichen Leben unter Arbeit verstanden wird?

Hier zeigt sich nun die Möglichkeit, zwei wesentlich verschiedene Definitionen aufzustellen. Man kann entweder sagen: Arbeit ist die Kraft multipliziert mit der Zeitdauer, während deren sie tätig ist, oder man kann sagen: Arbeit ist die Kraft multipliziert mit der Wirkung, die sie hervorbringt, also, um an das einfachste Beispiel anzuknüpfen, die Kraft multipliziert mit der Strecke, durch die sie einen Körper, eine Last bewegt. Also (t Zeit, l Strecke): entweder $A = K \cdot t$ oder $A = K \cdot l$.

Man kann diese beiden Definitionen der Arbeit sehr gut veranschaulichen, indem man direkt an die menschlichen Verhältnisse anknüpft, und zwar an die gerade heute so viel besprochene Frage des Zeit- oder Stundenlohnes und des Stück- oder Akkordlohnes. In der Hauptsache ist natürlich der Akkordlohn, bei dem die wirkliche Leistung honoriert wird, gerechter als der Zeitlohn, bei dem darauf, wieviel in der betreffenden Zeit geleistet worden ist, gar keine Rücksicht genommen wird; indessen läßt sich eben doch nicht für alle Arbeiten die Leistung zahlenmäßig angeben, weil sie abstrakten Charakters ist, und dann ist der Zeitlohn der einzig mögliche. Nehmen wir ein einfaches Beispiel, etwa das Heben eines Gewichts unter Überwindung der Schwerkraft. Die Kraft, welche die Schwerkraft überwindet und die Arbeit leistet, ist hier die Muskelkraft des Menschen; und da diese Kraft vom Menschen direkt empfunden wird, können wir hier unmittelbar urteilen. Nun weiß jedermann, daß der Arm nicht nur ermüdet, wenn er ein Gewicht so und so hoch gehoben hat, sondern auch, wenn er es eine Zeitlang in unveränderter Höhe hält, ein Fall, in dem die Streckenarbeit also geradezu null ist und nur die Zeitarbeit in Betracht kommen kann. So kann man denn auch in der Geschichte der Physik sehen, wie zuerst der Zeitbegriff der Arbeit eingeführt wird, dann mit dem Streckenbegriff kämpfen muß, bis dieser letztere schließlich den Sieg erringt. Heutzutage gilt in der Wissenschaft ausschließlich der Streckenbegriff der Arbeit, wonach die Arbeit gleich Kraft mal Strecke ist. Das Hochhalten eines Gewichts ist in diesem Sinne gar keine Arbeit. Um über diesen Widerspruch hinwegzukommen, kann man zweierlei Betrachtungen anstellen. Erstens kann man sagen, daß man das Gewicht allerdings nicht tatsächlich hebt, daß man es aber am Fallen hindert, und daß die Strecke, die für die Leistung in Betracht kommt, die Strecke ist, um die das Gewicht gefallen wäre, w nn man es nicht mit der Muskelanstrengung gehalten hätte. Es ist also die Arbeit der Schwerkraft so und so groß nach unten, die Arbeit der Muskelkraft ebenso groß nach oben, und nur die Gesamtheit beider Kräfte ist null. Zweitens kann man den Vorgang in derselben Richtung noch weiter analysieren und sich vorstellen — eine Vorstellung, die sogar mit den tatsächlichen physiologischen Verhältnissen im Einklang steht —, daß man das Gewicht gar nicht ruhig hält, daß es vielmehr zugleich mit dem haltenden Arm fortwährend eine kleine Strecke hinuntersinkt, aber sofort wieder gehoben wird, ein Hin- und Herzittern, das desto merklicher wird, je größer die Ermüdung wird; man kann alsdann die sämtlichen kleinen Strecken, um die man das gesunkene Gewicht immer wieder gehoben hat, addieren und diese Strecke für die geleistete Arbeit in Anspruch nehmen.

Sehen wir nun hiervon ab und betrachten wir fortan nur wirkliche Streckenarbeit, so haben wir diese nach der Definition gleich der Kraft mal der Strecke zu setzen; sie steht also einerseits zur Kraft, anderseits auch zur Strecke in direktem Verhältnis. Hebt man das doppelte Gewicht auf dieselbe Höhe, wie zuvor das einfache, so leistet man die doppelte Arbeit; hebt man dasselbe Gewicht auf die doppelte Höhe, so leistet man ebenfalls die doppelte Arbeit. Die absolute Einheit der Arbeit, für die man den Namen „Erg" eingeführt hat (Abkürzung vom griechischen Ergon), wird diejenige sein, bei der jeder der beiden Faktoren gleich 1 ist, also die Kraft 1 Dyne, die Strecke 1 cm; man erhält also die Definition: ein Erg ist die Arbeit, die eine Dyne leistet, indem sie einen Körper um 1 cm in ihrer Richtung fortbewegt, oder auch: ein Erg ist die Arbeit, die man leistet, wenn man einen Körper unter Überwindung einer Dyne in entgegengesetzter Richtung 1 cm fortbewegt. Denkt man sich also auf einen Weltkörper versetzt, auf dem die Schwerkraft gerade 1 Dyne ausmacht, so würde man dort beim Heben von 1 g um 1 cm gerade 1 Erg leisten; auf der Erde würde man in diesem Falle schon 980 Ergs leisten, und man braucht hier, um ein Erg zu leisten, nur reichlich 1 mg um 1 cm zu heben.

Da das Erg, wie wir sehen werden, eine sehr kleine Größe ist, bildet man in der bekannten Weise Vielfache davon und versteht unter Kiloerg das Tausendfache, unter Megaerg das Millionfache; faßt man nochmals 10 Megaerg zusammen, so erhält man eine Arbeitseinheit, die man zum Andenken an den gleichnamigen hochverdienten englischen Physiker und Techniker ein „Joule" nennt. In der Praxis wurde früher und wird noch jetzt häufig eine andere Arbeitseinheit benutzt, die sich aus der Krafteinheit 1 kg* und der Streckeneinheit 1 m zusammensetzt und „Meterkilogramm" (mkg*) genannt wird; nach dem Früheren ist es nicht schwer, sie in das absolute Maß umzusetzen; denn 1 kg* ist identisch mit 980000 Dynen, anderseits ist 1 m = 100 cm, folglich ist:

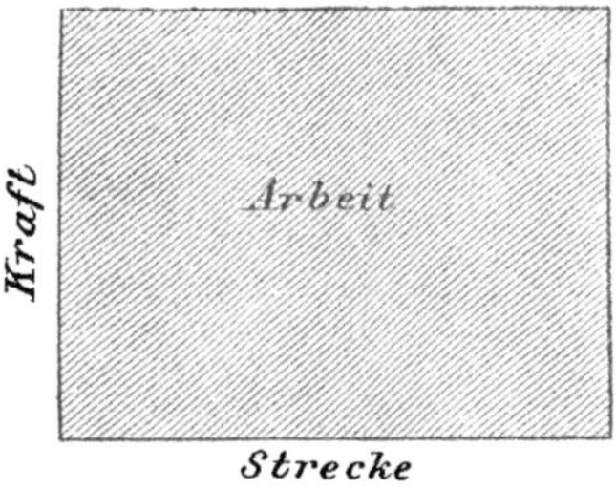

Fig. 57

$$1 \text{ mkg}^* = 98000000 \text{ Erg} = 98 \text{ Megaerg} = 9{,}8 \text{ Joule};$$

und umgekehrt ist 1 Erg reichlich der hundertmillionte Teil eines mkg*.

Daß die Arbeit von der Natur eines Produktes aus zwei Faktoren ist, kann man in sehr einfacher Weise durch die Zeichnung zur Anschauung bringen. Man braucht nur die Kraft nach oben, die Strecke nach rechts aufzutragen; ist die Kraft, wie es häufig der Fall ist, während der ganzen Bewegung und Arbeitsleistung konstant, so erhält man als Produkt einfach die Fläche des Rechtecks, das die Kraft und die Strecke zu Nachbarseiten hat (Fig. 57). In vielen Fällen aber ändert sich die Kraft, während die Arbeit geleistet wird. Als einfaches Beispiel kann die Arbeit dienen, die ein Gas leistet, wenn es sich in einem im übrigen fest, an einer Seite aber durch einen beweglichen Stempel geschlossenen Gefäße befindet und kraft seiner Spannung ausdehnt, indem es den Stempel vor sich herschiebt, ein Vorgang, der in vielen Tausenden von Dampfmaschinen und anderen Apparaten tagtäglich stattfindet. Bei der Verschiebung des Stempels dehnt sich das Gas aus, die Vergrößerung seines Volumens kann in vielen Fällen geradezu als die Leistung des Gases bezeichnet werden, die hier an die Stelle der früheren Strecke tritt; aber der andere Faktor, die Spannung, bleibt sich hier nicht gleich, sondern nimmt, eben wegen der Ausdehnung, allmählich ab, und zwar gemäß dem schon auf S. 81 betrachteten Boyleschen Gesetz (Fig. 50 u. 51). Wir müssen deshalb hier die einzelnen Elemente des Prozesses betrachten. Zu Anfang ist die Spannung s_1, die Volumenzunahme in dem ersten kleinen Zeitteilchen *d*, die Arbeit also das schmale Rechteck, das aus diesen beiden Linien gebildet ist; während des zweiten Zeitteilchens ist aber die Spannung nur noch s_2, das Rechteck wird also hier etwas niedriger, noch niedriger das dritte usw. Bedenkt man jetzt daß man alle diese Rechtecke eigentlich unendlich schmal nehmen muß, da sich die Spannung eben fortwährend und stetig ändert, so erhält man für die Spannung eine Kurve und als Arbeit die Fläche, die von dieser Kurve, der Abszissenachse und der linken und rechten Grenzordinate eingeschlossen wird. Steigert man umgekehrt von s_2 aus, indem man das Gas von außen zusammendrückt, die Spannung bis s_1, so erhält man die entgegengesetzte Kurve und Fläche. Im ersten Falle sagt man: das Gas hat Arbeit geleistet, im zweiten: das Gas hat Arbeit gebraucht; oder man nennt die eine Arbeit positiv, die andere negativ.

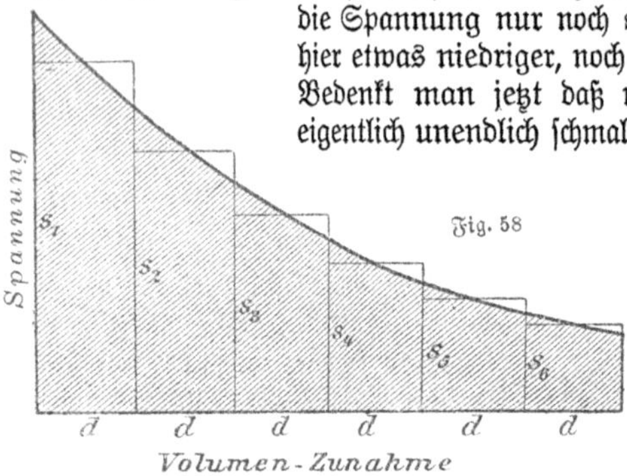

Fig. 58

Natürlich kann man, wo dies zweckmäßiger erscheint, auch die beiden Faktoren vertauschen und die Kraft nach rechts, die Wirkung nach oben auftragen; als Beispiel diene ein solches aus dem Gebiete der magnetischen Erscheinungen. Einen Eisenstab kann man durch irgendeine magnetisierende Kraft magnetisieren, z. B. durch einen elektrischen Strom, den man in eine den Stab umgebende Kupferdrahtspule hineinschickt. Die Stromstärke ist dann die Kraft, der Magnetismus, den der Stab annimmt, tritt hier an Stelle der Strecke, er ist die Wirkung; das Produkt beider ist die Magnetisierungsarbeit. Trägt man nun diese Kraft nach rechts, den nach und nach in dem Stabe auftretenden Magnetismus nach

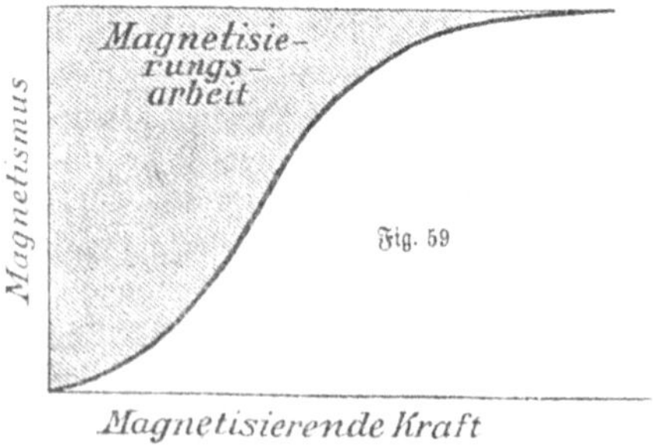

Fig. 59

oben auf, so erhält man eine bestimmte Kurve der Magnetismen, und die schraffierte Fläche stellt die Magnetisierungsarbeit dar (Fig. 59).

Prozesse der gedachten Art, die von einem Zustande zu einem anderen führen, nennt man offene, und im Gegensatz hierzu solche, die wieder zum Ausgangspunkt zurückführen, geschlossene oder Kreisprozesse. Die bei letzteren geleistete Arbeit stellt sich graphisch womöglich noch einfacher dar (Fig. 60). Denn da auf der Teilfläche *abc* die Arbeit *dabced* (senkrecht schraffierte Fläche) geleistet, auf der Teilstrecke *cfa* aber die Arbeit *dafced* (wagrecht gestrichelte Fläche) verbraucht worden ist, so bleibt gerade die Fläche *abcfa* übrig, die Arbeit bei einem Kreisprozeß ist also durch die von der Prozeßkurve umschlossene Fläche dargestellt.

Nach der Definition des Arbeitsbegriffs ist es einleuchtend, daß es zwei Wege gibt, große Arbeitsmengen zu leisten: entweder indem man viel Kraft anwendet oder indem man dem anderen Faktor große Werte erteilt (beides zugleich wird sich meist nicht verwirklichen lassen). Hierfür wollen wir, um die verschiedensten Erscheinungsgebiete heranzuziehen, ein Beispiel aus dem Gebiete der elektrischen Ströme betrachten. Die Kraft, die den elektrischen Strom erzeugt, heißt elektromotorische Kraft, sie findet ihren Ausdruck in der sogenannten Stromspannung und wird gemessen in „Volt", V. Die Wirkung anderseits besteht in der Erzeugung eines elektrischen Stromes von bestimmter Stärke und Dauer, also, wie man mit Anwendung eines mechanischen Bildes sagen kann, im Hindurchtreiben einer bestimmten Elektrizitätsmenge durch den Leitungsdraht. Diese Elektrizitätsmenge mißt man in „Coulombs", Cb; die Arbeit wird hiernach in Volt-Coulombs, VCb, gemessen. Um also viel elektrische Arbeit zur Verfügung zu haben, muß man, wenn man nicht beide Faktoren groß machen kann, entweder hohe Spannungen oder viel Strom erzeugen, eine Frage, die von entscheiden-

Fig. 60

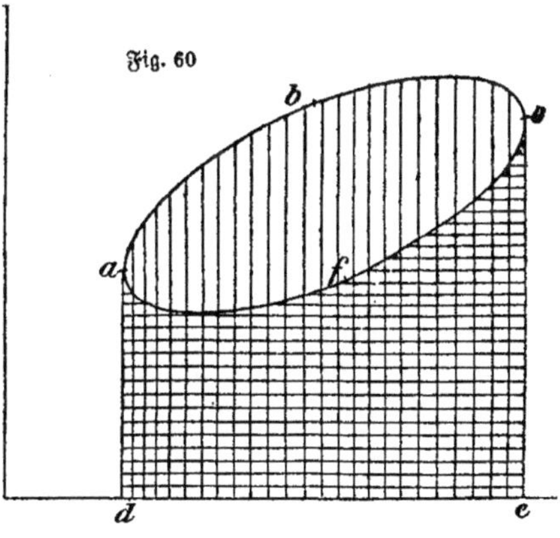

der Wichtigkeit ist bei der in neuerer Zeit zu so hoher Bedeutung gelangten elektrischen Kraftübertragung, die man besser elektrische Arbeitsübertragung nennen würde. An sich wäre die Entscheidung in dem einen oder anderen Sinne gleich berechtigt; praktisch aber zeigt sich, daß man, um viel Elektrizität auf weite Entfernung zu übertragen, sehr dicke Leitungsdrähte nehmen müßte, also ganz kolossale Kupfermengen brauchen würde, Kupfermengen, deren Preis die ganze Anlage ökonomisch unbrauchbar machen würde; man muß sich daher mit schwachen Strömen, also relativ dünnen Drähten begnügen, dafür aber die Spannung möglichst hoch wählen. Das ist die Bedeutung der Kraftübertragung durch Hochspannungsströme, die, obgleich an sich in der Herstellung mühselig und in der Verwendung gefährlich, doch bei der Übertragung auf große Entfernungen konkurrenzlos sind.

Effekt. Bei einem zur regelmäßigen Arbeitsleistung bestimmten Körper, z. B. bei einer Maschine, wird der Unterschied zwischen Zeitarbeit und Streckenarbeit offenbar unwesentlich, weil die Maschine ununterbrochen und gleichförmig weiterarbeitet, also in gleichen Zeiten auch gleiche Leistungen aufweist. Eine solche Maschine ist daher charakterisiert durch die Arbeit, die sie in der Zeiteinheit zu leisten vermag. Hierfür hat man einen besonderen Ausdruck eingeführt, man nennt die Arbeit pro Zeiteinheit den Effekt oder die Leistungsstärke der Maschine; leider hat sich neuerdings der Ausdruck „Leistung" Bahn gebrochen, der besser für die Arbeit in beliebiger Zeit reserviert worden wäre, und der den Begriff der Arbeit pro Zeiteinheit sprachlich gar nicht deckt. Im absoluten Maße ist der Effekt offenbar zu messen in erg pro sec oder in kiloerg pro sec oder in megaerg pro sec oder endlich in joule pro sec; diese letztere Effekteinheit, die also 10 Millionen erg in der Sekunde enthält, nennt man nach dem großen englischen Physiker und Techniker James Watt „ein Watt" und bildet, da für die Verhältnisse unserer heutigen Technik auch ein Watt noch eine kleine Größe ist, davon wieder das Hundertfache: Hektowatt (Hw) oder das Tausendfache: Kilowatt (Kw). Man sagt also: diese Maschine hat einen Effekt von so und so vielen Kilowatt; ein Hektowatt ist hiernach gleich einer Milliarde, ein Kilowatt gleich 10 Milliarden erg pro Sekunde. Im praktischen Maßsystem mißt man entsprechend dem früher Entwickelten den Effekt in mkg* pro Sekunde. Früher hatte man dafür ein anderes Maß, das zwei Jahrhunderte lang in Geltung war und noch jetzt vielfach benutzt wird: die Pferdekraft oder Pferdestärke. Man hat nun für diese verschiedenen Einheiten folgende Beziehungen:

1 mkg* pro sec = 9,8 Watt,
1 Pferdekraft = 75 mkg* pro sec = 736 Watt = 0,736 Kw.

Es ist also eine Pferdekraft rund $^3/_4$ Kilowatt, oder 1 Kilowatt ist $^1/_3$ mehr als eine Pferdekraft; will man also Kilowatts in Pferdekräfte umrechnen, so muß man den dritten Teil hinzufügen; will man umgekehrt Pferdekräfte in Kilowatt umrechnen, so muß man den vierten Teil abziehen.

Wir haben hier aus dem Arbeitsmaß das Effektmaß abgeleitet; in der Technik verfährt man umgekehrt, und das ist ganz natürlich, da man zunächst eine Maschine von bestimmtem Effekt kauft und sie dann so und so viel Zeit arbeiten läßt; man leitet also aus dem Effekt die Arbeit ab, indem man mit der Arbeitszeit multipliziert; so entstehen die Begriffe Pferdekraftstunden in altem Maße, Hektowattstunden und Kilowattstunden in neuem Maße. Um diese Größen mit Ergs zu vergleichen, muß man außer den früheren Zahlenformeln noch bedenken, daß eine Stunde sich aus 3600 Sekunden zusammensetzt, und man findet dann:

1 Hw-St = 3,6 Billionen Erg.
1 Kw-St = 36 Billionen Erg.

Diese Zahlenvergleichung macht es sehr leicht, sich eine Vorstellung davon zu bilden, wie klein die durch 1 Erg repräsentierte Arbeit ist, und zwar indem man den Arbeitspreis berechnet; denn nehmen wir für eine Kilowattstunde den Preis von 36 Pfennigen an, wie er dem Durchschnittspreise vieler Elektrizitätswerke nahekommt, so finden wir, daß 1 Erg nur 1 Billiontel Pfennig kostet!

Energie.[1]) Die Tatsache, daß die Arbeit in ihrer Art etwas ebenso Reelles, etwas ebenso Wirkliches ist, wie der Stoff, legt eine Auffassung nahe, die sich im Laufe des 19. Jahrhunderts, also ungefähr gleichzeitig mit dem Aufschwung der Technik, allmählich herausgebildet hat: die Auffassung, daß die Arbeit etwas ist, was man aus den Körpern herausholen kann, die Auffassung, daß die Körper einen Arbeitsvorrat haben, von dem sie an andere Körper abgeben, um in anderen Fällen wieder ihrerseits von den Vorräten nachbarlicher Körper zu profitieren; die Auffassung, daß es in der Welt nicht nur einen bestimmten Vorrat

1) Vgl. Stein, Die Lehre von der Energie (ANuG Bd. 257).

an Stoff, sondern auch einen bestimmten Arbeitsvorrat gibt, der, wie der Stoffvorrat dem Stoffaustausch, in ganz analoger Weise dem Arbeitsaustausch zur Grundlage dient. Diesen Arbeitsvorrat der Welt nennt man ihre Energie, und den Arbeitsvorrat eines einzelnen Körpers nennt man seine Energie.

Wenn aber die Energie ein Begriff von irgendwelcher Bedeutung sein soll, so muß erst nachgewiesen werden, daß für sie dasselbe Fundamentalprinzip gilt, das für den Stoff gilt: das Erhaltungsprinzip; daß, wie durch alle Stoffverwandlungen sich das Gesetz von der Erhaltung der Quantität des Stoffes hindurchzieht, so auch hier bei allen Energieverwandlungen die gesamte Menge der Energie immer dieselbe bleibt. Um zu sehen, ob und wie man dieses neue Prinzip, das man als das Prinzip von der Erhaltung der Energie oder von der Konstanz der Energie wird bezeichnen können, nachweisen könne, müssen wir etwas näher auf die Formen eingehen, in denen die Energie in der Natur auftritt.

Mechanische Energie; aktuelle und potentielle Energie. Dabei wollen wir uns zunächst, um Schritt für Schritt vorzugehen, auf die mechanische Energie beschränken, d. h. auf diejenige Energie, welche mechanische „Bewegungsarbeit" liefert.

Denken wir uns einen schweren Stein, der, in einiger Höhe über dem Erdboden festgehalten, losgelassen wird und nun zur Erde hinabfällt! Dieser Stein besitzt offenbar Energie; denn er leistet, mit der Erde in Berührung kommend, Arbeit, er kann z. B. einen Pfahl einrammen oder dergleichen. Die Energie des Steines beruht offenbar auf seiner Bewegung, man kann die Energie daher „Bewegungsenergie" oder „kinetische Energie" oder, weil tatsächlich Bewegung vorhanden ist, „aktuelle Energie" nennen. Wie verhält es sich aber vorher, wie verhält es sich mit dem in der Höhe festgehaltenen Stein? Von ihm müssen wir doch ebenfalls annehmen, daß er bereits Energie besitzt, da das bloße Loslassen, mit dem gar keine Arbeitsleistung verknüpft ist, die Energie doch nicht erzeugen kann, und da wir doch die Energie als etwas ansehen wollen, das nicht aus nichts erzeugt werden kann. Aktuelle kinetische Energie hat aber der ruhende Stein nicht; wir müssen also diese Energie anders benennen, und wir können uns dabei an die Vorstellung halten, daß dieser Stein zwar nicht in Bewegung ist, aber infolge der Anziehungskraft der Erde jederzeit in Bewegung geraten kann, und wir können daraufhin für diese andere Art von Energie drei Namen einführen, die den drei Benennungen der ersten Art: kinetische Energie, aktuelle Energie, Bewegungsenergie genau entsprechen. Wir können sie erstens als „statische Energie" bezeichnen, weil der Stein in Ruhe ist; wir können zweitens „potentielle Energie" sagen, weil der Stein in Bewegung geraten kann (wenn er losgelassen wird), aber noch nicht tatsächlich (aktuell) in Bewegung ist; wir können sie endlich drittens „Spannungsenergie", im Gegensatz zur Bewegungsenergie, nennen, indem wir beachten, daß, eben infolge der Schwerkraft, der in der Höhe festgehaltene Stein sich der Erde gegenüber in einem Spannungszustande befindet, den man etwas trivial durch die Worte charakterisieren kann: er möchte gern herunter, er kann aber nicht. In solchem Spannungszustande befindet sich z. B. erhitzter Dampf in einem Gefäße oder eine aufgezogene Uhrfeder; wird dem Dampf durch Zurückziehen eines Stempels Erleichterung verschafft oder wird der Feder Gelegenheit gegeben, sich allmählich zu entspannen, so geht die Spannung in Bewegung, die Spannungsenergie in Bewegungsenergie über, und es wird Arbeit geleistet (Dampfmaschine, Federuhr). Unser Stein hat ursprünglich ausschließlich Spannungsenergie, wofür man in diesem Falle auch „Energie der Lage" oder „konfigurative Energie" sagen kann; indem er fällt, wird diese Spannungsenergie immer kleiner (weil er sich der Erde nähert), dafür aber die Bewegungsenergie immer größer (weil die Geschwindigkeit immer größer wird).

Potentielle und aktuelle Energie kann man als die beiden „Modalitäten" der mechanischen Energie (und der Energie überhaupt) bezeichnen; auch ist es nicht schwer, sich durch einfache Betrachtungen bestimmtere Vorstellungen von ihnen zu verschaffen. Die potentielle Energie ist nämlich der Vorrat an Arbeit, ihre Abnahme um E_p bei der Arbeitsleistung ist also gleich der geleisteten Arbeit, d. h. gleich der Kraft mal der Strecke: $E_p = K \cdot l$, woraus folgt, daß $\frac{E_p}{l} = K$ oder, wenn die Strecke gerade die Streckeneinheit ist, einfach $E_p = K$. Nun haben wir aber früher eine Größe eingeführt, das Kräftepotential, dessen Gefälle auf der Streckeneinheit gerade die Kraft liefert: wir sehen also, daß die potentielle Energie nichts anderes ist wie das Potential, nur daß uns diese Größe hier in ganz anderer Auffassung entgegentritt; das Potential war ein abstrakter Begriff, der uns ein Bild von der Beschaffenheit des Kraftfeldes verschaffen sollte, die potentielle Energie ist die eine Modalität der aller Arbeitsleistung zugrunde liegenden

Energie. Was andrerseits die aktuelle Energie betrifft, so müssen wir uns erinnern, daß die Arbeit gleich Kraft mal Strecke, $A = K \cdot l$ ist und daß die Kraft selbst wiederum Masse mal Beschleunigung ist, also $K = m B$; es ist also $A = m \cdot B \cdot l$. Lassen wir nun einen Körper von der Masse m sich gerade eine Sekunde lang beschleunigt bewegen, wobei irgendeine Kraft, z. B. die Schwerkraft, ihm Energie zuführt, also Arbeit auf ihn leistet; seine Geschwindigkeit am Anfange dieser Sekunde sei v_1, am Ende v_2, die Beschleunigung ist alsdann $v_2 - v_1$; anderseits ist die Strecke, die ein Körper in einer Sekunde zurücklegt, gerade das, was man seine Geschwindigkeit nennt, in unserem Falle also anfangs v_1, dann größer und größer, am Schlusse v_2; im Durchschnitt wird sie $\frac{1}{2}(v_1 + v_2)$ sein; man findet also $A = m \cdot (v_2 - v_1) \cdot \frac{1}{2}(v_1 + v_2)$ oder ausgerechnet: $A = \frac{1}{2} m v_2^2 - \frac{1}{2} m v_1^2$, d. h. die auf den Körper geleistete Arbeit stellt sich dar als die Differenz einer Endgröße und einer ganz gleichartigen Anfangsgröße; diese Größe, die ursprünglich nur so groß wie $\frac{1}{2} m v_1^2$ war, nachher aber $\frac{1}{2} m v_2^2$ ist, also allgemein die Größe $\frac{1}{2} m v^2$ stellt demnach die kinetische Energie des Körpers dar. So findet man, daß die kinetische Energie nicht im Verhältnis der Geschwindigkeit, sondern stärker wächst, daß sie im Verhältnis steht zum Quadrat der Geschwindigkeit, also bei doppelter Geschwindigkeit schon viermal, bei der dreifachen neunmal so groß ist, während sie außerdem noch im direkten Verhältnis zur Masse des sich bewegenden Körpers steht. Die Verwüstung, die z. B. eine Kanonenkugel anrichtet, wächst also erstens wie ihre Masse und zweitens wie das Quadrat ihrer Geschwindigkeit. In früheren Zeiten nannte man die Größe $\frac{1}{2} m v^2$ „lebendige Kraft", und man stellte ihr die „tote Kraft" oder „Spannkraft" gegenüber; es ist ein erkenntnistheoretischer Fortschritt, daß man jetzt bessere Ausdrücke für diese Begriffe, die gar keine „Kräfte" in unserem Sinne des Wortes, sondern Energien sind, gewählt hat, die Ausdrücke: aktuelle Energie und potentielle Energie, oder Bewegungsenergie und Spannungsenergie.

Die Erhaltung der mechanischen Energie. Nun hat man schon vor fast zwei Jahrhunderten dank der Geistesarbeit der größten Denker und Naturforscher ihrer Zeit, namentlich eines Descartes, Leibniz, Bernoulli, gefunden, daß in der gesamten Welt der Bewegungserscheinungen eine höchst einfache Beziehung zwischen der lebendigen Kraft und dem Potential oder, wie wir jetzt sagen, zwischen der aktuellen und der potentiellen Energie besteht: bei allen Bewegungen eines Körpers oder auch eines Systems von Körpern bleibt nämlich ihre Summe immer dieselbe, so daß, wenn die lebendige Kraft zunimmt, die Spannung um ebensoviel abnimmt und umgekehrt, so daß also, wenn das System wieder in seine ursprüngliche Lage und Konfiguration zurückkehrt, wobei also die Kräfte und somit auch das Potential, die Spannung wieder den ursprünglichen Wert angenommen hat, zugleich auch die lebendige Kraft wieder ebensogroß ist, wie sie am Anfang des Prozesses gewesen ist. Dieses letztere spezielle Gesetz nennt man seitdem den Satz von der Erhaltung der lebendigen Kraft oder von der Erhaltung der kinetischen Energie. Den allgemeinen Satz, wonach die Summe von aktueller und potentieller Energie konstant bleibt, auch wo jedes dieser beiden Glieder für sich genommen sich ändert, nennt man den Satz von der Erhaltung der Kraft oder besser von der Erhaltung der Energie. Er gilt aber zunächst, wohl bemerkt, nur für rein mechanische Vorgänge, für Erscheinungen, bei denen die Körper nur ihren Ort im ganzen oder die Lagerung ihrer Teile gegeneinander, also ihre Gestalt, verändern. Es ist lediglich ein Satz der Mechanik, der Bewegungslehre, wenn auch ein sehr allgemeiner und umfassender.

Arbeit und Wärme.[1]) Wir wollen nun unser Beispiel vom fallenden Stein wieder aufnehmen und uns vorstellen, daß der Stein zu Boden fällt. Was ist alsdann aus der Energie geworden? Der Stein hat weder Spannungs- noch Bewgungsenergie mehr. Seine ganze Energie ist allem Anschein nach verschwunden, in nichts verschwunden. „In nichts", da haben wir den springenden Punkt; ist wirklich in dem Stein und eventuell in dem mit ihm zur Berührung gekommenen Boden nichts Neues zu finden? Die Beobachtung einer Naturerscheinung, eines Energievorgangs hat doch nur Wert, wenn sie vollständig ist, gerade wie eine chemische Analyse nur Wert hat, wenn sie alle stofflichen Bestandteile, die an dem chemischen Prozesse beteiligt sind, in Rücksicht zieht. Da zeigt sich nun, daß in der Tat mancherlei Neues auftritt, so z. B. Schall (und Schall ist auch Energie) oder, wenn der Stein und der Boden vollkommen elastisch sind, neue Spannungsenergie, die den Stein wieder in die Höhe springen läßt. Wir wollen annehmen, daß das nicht eintritt, daß der Stein vielmehr ruhig liegen bleibt. Da zeigt sich nun ein neues Phänomen: sowohl der Stein wie der Erdboden ist nämlich an der Stelle, wo der Stein aufschlug, warm geworden, es ist Wärme

1) Vgl. Börnstein, Die Lehre von der Wärme (ANuG Bd. 172).

aufgetreten. In früherer Zeit, bis um die Mitte des neunzehnten Jahrhunderts, hielt man die Wärme für einen Stoff und hatte nun hier eine doppelte Unbegreiflichkeit: erstens ist mechanische Energie verloren gegangen, zweitens ist ein Stoff, Wärme, entstanden. Für uns, die wir ein halbes Jahrhundert fortschreitender Erkenntnis mehr in uns aufgespeichert haben, als die Naturforscher der damaligen Generation, ist es schwer zu begreifen, daß man jahrzehntelang diesem doppelten Wunder ratlos gegenüberstand. Für uns ist es fast selbstverständlich zu folgern: die Wärme wird eben kein Stoff sein, sie wird eine andere Art von Energie sein, es ist weder mechanische Energie zauberhaft verschwunden, noch Wärme zauberhaft entstanden, sondern es hat sich einfach mechanische Energie in kalorische Energie, in Wärme verwandelt. Aber man muß sich vergegenwärtigen, daß der, welcher über der Sache steht, viel mehr sieht als der, welcher in ihr steht; daß damals die stoffliche Vorstellung der Wärme tief eingewurzelt war und die Lehre von der Energie, auch von der mechanischen, noch nicht entfernt so geklärt war wie jetzt. Man muß sich einen kleinen Knaben vorstellen, der gestern die verpuppte Raupe im Glase gesehen hat und heute erstaunt zu seinem Vater kommt und ihm erzählt: Denke dir, zwei Wunder auf einmal: die Puppe von gestern ist verschwunden und außerdem ist plötzlich ein Schmetterling im Glase! Der Vater wird ihm natürlich lächelnd erwidern, daß das gar nichts Merkwürdiges ist, daß sich die Puppe in den Schmetterling verwandelt hat. Gerade so merkwürdig war vor hundert Jahren und gerade so selbstverständlich ist uns heute die Verwandlung von lebendiger Kraft in Wärme.

Die Wärmeeinheit oder Kalorie. Daß mechanische Energie und Wärme verschiedene Formen, verschiedene Qualitäten einer und derselben Größe, der Energie, seien, und daß für diese erweiterte Energie ebenfalls das Erhaltungsprinzip gilt, ist freilich erst noch zu beweisen, und es kann nur bewiesen werden, indem gezeigt wird, daß bei der Umwandlung von Arbeit (wie wir jetzt statt mechanischer Energie der Kürze halber sagen wollen) in Wärme oder umgekehrt von Wärme in Arbeit, durch welchen Prozeß es auch immer sein mag, stets dasselbe Umwandlungsverhältnis, stets das gleiche Äquivalentverhältnis besteht, d. h., daß aus einem Erg Arbeit stets eine bestimmte Menge Wärme und umgekehrt aus dieser selben Wärmemenge stets ein Erg Arbeit entsteht. Zu diesem Zwecke müssen wir uns erst darüber orientieren, wie man Wärmemengen überhaupt mißt.

Wie in der Bewegungslehre der erfahrungsmäßige Begriff die Beschleunigung ist, so ist in der Wärmelehre der erfahrungsmäßige Begriff die Temperatur, deren Skala wir ja schon früher kennen gelernt haben. Die Temperatur ist das, was wir aus der Beobachtung mit dem Thermometer entnehmen; und man könnte alle Erscheinungen auch auf diesem Gebiete beschreiben, indem man immer nur davon spräche, daß der Körper eine Temperaturzunahme oder eine Temperaturabnahme, kurz eine Temperaturänderung erfahren habe. Aber gerade wie wir in der Bewegungslehre einen Abstraktionsbegriff, die Kraft, eingeführt haben, welche die Vorstellung, z. B. des Wechselwirkungsprinzips, vereinfacht und zugleich unser Kausalitätsbedürfnis befriedigt, so führen wir auch hier einen kausalen Begriff, die Wärmemenge, ein, indem wir uns denken, die Temperatursteigerung eines Körpers sei die Folge der Zuführung einer Wärmemenge. Und wie wir dort an dem Beispiel des Keglers ersahen, daß die verschiedenen Körper verschiedene Widerstände gegen Bewegung, verschiedene Massen haben, mit denen wir ihre Beschleunigungen multiplizieren müssen, um die Kräfte zu bekommen, so müssen wir auch hier die Temperaturerhöhungen mit den Massen multiplizieren, um die zuzuführenden Wärmemengen zu erhalten; denn dem doppelt so massigen Körper muß man, um dieselbe Temperatursteigerung zu erzielen, doppelt so viel Wärme zuführen. Aber hier bei der Wärme kommt noch ein anderer Faktor hinzu, ein spezifischer Widerstand gegen Erwärmung, der bei verschiedenen Stoffen verschieden stark ist und den man spezifische Wärme nennt. Bedeutet also m die Masse, c die spezifische Wärme und t die Temperatursteigerung, so ist die erforderliche Wärmezufuhr

$$W = mct.$$

Für irgendeinen Stoff kann und muß man die spezifische Wärme gleich 1 setzen, und es liegt nahe, hierfür das Wasser zu wählen, für das man schon eine andere Eigenschaft, die Dichte, gleich 1 gewählt hat. Die Einheit der Wärmemenge ist alsdann diejenige, welche man braucht, um 1 g Wasser um 1° C zu erwärmen; diese Größe nennt man Kalorie oder, wo es zur Vermeidung von Irrtümern notwendig ist, Grammkalorie.

Das Wärmeäquivalent. Nach diesen Vorbereitungen können wir nun zu dem Hauptproblem zurückkehren und konstatieren, daß, wie zahlreiche Experimente im Laufe der zweiten Hälfte des 19. Jahrhunderts bewiesen haben, Experimente, bei denen auf die verschiedenste Weise, durch Reibung, Stoß, Dampfspannung, durch den elektrischen Strom, durch Maschinen aller Art usw., Arbeit in Wärme oder Wärme in Arbeit verwandelt wurde, sich stets dasselbe Umwandlungsverhältnis von Ergs in Kalorien oder von Kalorien in Ergs ergeben hat, anfangs mit gewissen Abweichungen, später, je exakter die Experimente angestellt wurden, immer genauer. Das Ergebnis ist in der Gleichung enthalten:

$$1 \text{ Kalorie} = 42 \text{ Millionen Erg}$$

$$1 \text{ Erg} = \frac{1}{42 \text{ Millionen}} \text{ Kalorie.}$$

Dies das absolute Wertverhältnis; häufig drückt man die Arbeit aber, wie wir wissen, nicht in Erg, sondern im praktischen Gewichtsmaß und noch dazu in anderen Einheiten, nämlich in mkg* aus, muß dann aber natürlich, da man doch nicht gut auf der einen Seite mkg*, auf der anderen Grammkalorien haben kann, auch als Wärmeeinheit die kg-Kalorie einführen, d. h. die Wärmemenge, durch welche 1 kg Wasser um 1° C erhitzt wird; in diesem Maße erhält man:

$$1 \text{ kg-Kalorie} = 427 \text{ mkg*}.$$

Die Zahl 42 Millionen Erg (in absolutem Maße) bzw. 427 mkg* (in praktischem Maße) nennt man das Arbeitsäquivalent der Wärme oder kurz das Wärmeäquivalent. Seine Existenz schließt zugleich die Konsequenz in sich ein, daß das Prinzip von der Erhaltung der Energie nicht bloß im Bereiche der Bewegungserscheinungen, sondern auch der Wärmeerscheinungen und bei der Verwandlung von Bewegung in Wärme oder von Wärme in Bewegung gültig ist.

Das Prinzip von der Erhaltung der Energie. Aber damit hatte es nicht lange sein Bewenden. Nachdem einmal der Bann gebrochen war, hatte man die Kühnheit zu vermuten, daß nicht nur die Wärme, sondern auch die anderen Erscheinungen in der Natur in derselben festen und einfachen Beziehung zur mechanischen Arbeit stehen möchten, daß auch Elektrizität und Magnetismus, Licht und Chemismus Formen der Energie seien, die zur mechanischen in bestimmten Äquivalenzverhältnissen stehen. Diese Vermutung hat sich nicht nur überall, wo man ihr nachgegangen ist, glänzend bewährt, sie hat auch zu neuen und bedeutsamen Entdeckungen geführt und ist der Leitstern für die moderne exakte Naturforschung, insbesondere für die Physik, geworden. Wie der Chemiker in dem Prinzip von der Erhaltung des Stoffes einen sicheren Boden unter sich hat, so klammert sich der Physiker jetzt mit unbegrenztem Vertrauen an das entsprechende Prinzip von der Erhaltung der Energie, er betrachtet alle Erscheinungen unter dem Gesichtspunkte, daß die Energiemenge in der Welt unveränderlich ist und daß alle physikalischen Erscheinungen nur Wanderungen, Modalitäts- oder Qualitätsumwandlungen der Energie vorstellen. So wird in der Dampfmaschine die chemische Energie, die in der Kohle steckt, in die Wärme des Feuers, diese in die Spannungsenergie des Dampfes und diese schließlich in die kinetische Energie des Schwungrades übergeführt; so wird in den Dynamomaschinen die Bewegungsenergie der Triebkraft (sei es eine Dampfmaschine oder eine Wasserkraft oder etwas anderes) in elektrische Energie und diese dann in Lichtenergie (bei der Beleuchtung) oder in chemische Energie (bei den elektrolytischen und galvanoplastischen Prozessen) oder, durch Vermittlung von Elektromotoren, wieder in Bewegung umgewandelt; und wie hier der Mensch, so führt auch die Natur selbst fortwährend derartige Verwandlungsprozesse aus, bei denen die Energie, sei es ihre Modalität, sei es ihre Qualität, verändert. In einer Beziehung ist freilich der Physiker schlimmer daran als der Chemiker, insofern der letztere für alle Stoffarten einen und denselben Meßapparat, die Wage, besitzt, während der Physiker Bewegungs- und Schallenergie, Wärme und Licht, Elektrizität und Magnetismus jedes auf seine Art zu messen gezwungen ist. Dafür ist aber auch die Energie ein viel allgemeineres Kennzeichen der Materie als die Masse: diese bezieht sich lediglich auf das mechanische, jene auf alles Verhalten der Materie, auch auf das kalorische, elektrische usw.

Drei Namen sind in erster Linie zu nennen, wo von der Erhaltung der Energie die Rede ist. Der Erste, welcher die Gleichwertigkeit und Äquivalenz aller Naturkräfte bzw. Energien als ein Postulat hinstellte und, wenn auch in bescheidenem Maße, sich bemühte, diese Forderung zu beweisen, war der deutsche Arzt Robert Mayer von Heilbronn; seine Ideen sind bald darauf von Helmholtz in strengerer, klarerer und umfassenderer Form ausgesprochen worden; der englische Physiker und Techniker Joule endlich war es, der durch mühevolle und sinnreiche Experimentaluntersuchungen, die den größten Teil seines Lebens in Anspruch nahmen, den wahren Wert des Wärmeäquivalents festgestellt hat.

Perpetuum mobile.[1]) Das Prinzip von der Erhaltung der Energie läßt sich in der verschiedensten Weise erläutern und veranschaulichen,

1) Vgl. Ischak, Perpetuum mobile (ANuG Bd. 462).

es läßt sich mit fast allen Erscheinungen in der Natur und mit fast allen Ideen, die sich im Laufe der Wissenschaftsgeschichte an diese Erscheinungen angeschlossen haben, in Verbindung bringen. Eine besonders berühmt gewordene unter diesen Ideen möge hier wenigstens kurz erwähnt werden. Es ist ein alter Traum der Menschheit gewesen, eine Maschine zu bauen, die, ohne von außen her gespeist zu werden, in endlosem Gange bliebe und die daher den Namen des ewig Beweglichen, des Perpetuum mobile verdiente. Zahllose solche Apparate und Maschinen sind im Laufe der Jahrhunderte ersonnen und zum großen Teil auch ausgeführt worden. Während sich aber früher Gelehrte und Laien unterschiedslos hieran beteiligten, haben die ersteren das Feld geräumt, seitdem die Erkenntnis des Energieprinzips ihnen die Unmöglichkeit einer solchen Maschine vor die Seele führte. Denn in einem begrenzten Körper, einer begrenzten Maschine kann auch nur eine begrenzte Menge von Energie vorhanden sein, diese Energie kann daher auch nur eine begrenzte Menge von Arbeit leisten; und wenn die Maschine das getan hat, dann ist sie erschöpft, dann muß sie stehen bleiben. Der Kunstgriff bei einem Teile jener Versuche bestand nun darin, eine Vorrichtung zu ersinnen, bei welcher die Energieabgabe recht langsam erfolgte, was sich erreichen ließ, indem man der Maschine nur sehr leichte Arbeit gab; und so konnte man es erzielen, daß ein solcher Apparat Tage und Wochen, ja Monate und Jahre in Gang blieb. Aber schließlich mußte die Erschöpfung kommen, schließlich mußte er stehen bleiben. Bei einem anderen Teile aber bestand der Kunstgriff darin, daß dem Apparate in einer nicht leicht ersichtlichen Weise von außen Energie zugeführt wurde. Und so kann man denn sagen: die Unmöglichkeit eines Perpetuum mobile ist eine unmittelbare Konsequenz des Prinzips von der Erhaltung der Energie, sie ist geradezu identisch zwar nicht mit dem ganzen Prinzip, aber doch mit der einen Hälfte desselben, die aussagt, daß Energie nicht aus Nichts entstehen kann; das Prinzip hat außerdem noch eine andere Hälfte, die besagt, daß Energie auch nicht verloren gehen kann.

Hier ist auch der Ort, um auf das Prinzip von der Erhaltung des Stoffs zurückzukommen. Es hat seine Grenze da, wo sich Anzeichen dafür einstellen, daß sich Materie in Energie verwandelt, z. B. in Strahlungsenergie. Wie bei der Wärme, so wird man dann auch hier den Schluß ziehen, daß eben Materie auch ihrerseits nur eine Form von Energie ist. Aber ein sicheres Fundament hat diese Vermutung erst dadurch gewonnen, daß neuerdings, im Rahmen der Einsteinschen Relativitätstheorie, das Umwandlungsverhältnis zwischen Masse und Energie exakt festgestellt wurde. Auch hier tritt, wie bei dem Verhältnis zwischen Raum- und Zeitstrecke (S. 18) die Lichtgeschwindigkeit auf, aber nicht sie selbst, sondern ihr Quadrat: ein Gramm Masse entspricht soviel Erg wie das Quadrat der Lichtgeschwindigkeit angibt, d. h. ein Gramm Masse enthält die ungeheure Menge von 25 Millionen Kilowattstunden. Da somit die Masse als eine Spezialform in der Energie aufgeht, bleibt als einziges Erhaltungsprinzip das Energieprinzip übrig.

Noch eine andere, geradezu epochemachende Umwälzung muß hier wenigstens erwähnt werden. Wenn man die Strahlung aus den Schwingungen elementarer, elektrisch geladener Teilchen abzuleiten unternimmt, so kommt man zu Gesetzen, die mit den beobachteten Strahlungserscheinungen in schreiendem Widerspruche stehen; und alle vorsichtigen Verbesserungsversuche scheitern vollständig. Da half nur eine radikal neue Hypothese, die man dem Mut und dem Scharfsinn Plancks verdankt. Hiernach soll auch die Energie nicht mehr als ein Kontinuum angesehen werden, sie soll, wie die Materie, aus Elementarquanten bestehen; und bei der Strahlung soll sie, um ein Bild zu gebrauchen, aus den Körpern nicht stetig abfließen, sondern ruckweise abtropfen. Diese Quantentheorie hat schon Ausgezeichnetes in vordem beinahe hoffnungslosen Fällen geleistet, das Weitere bleibt der Zukunft vorbehalten.

X. Die Entwertung der Energie und die Entropie.

Das Erhaltungsprinzip. Wenn in der Wissenschaft ein großer Erkenntnisfortschritt gemacht wird, so pflegt sich, und das ist nicht zu verwundern, sehr bald eine Überschätzung der neuen Errungenschaft einzustellen. Man sieht, wie befruchtend die Entdeckung auf alles wirkt, und man glaubt nun in ihr das Allheilmittel gefunden zu haben. So ist es auch mit dem Erhaltungsprinzip gegangen; man wußte nun, daß alle Geschehnisse in der Natur der Konstanz der Energie unterliegen. Wir wollen uns die Frage vorlegen, ob wirklich dieses Erhaltungsprinzip maßgebend ist für alles das, was in der Natur sich ereignet.

Was ist alles Naturgeschehen? Offenbar ist es Geschehen, und Geschehen ist Veränderung; denn wenn alles so bleibt, wie es ist, geschieht eben nichts. Das sagt ja nun auch die Stoff- und Energielehre aus, indem sie feststellt, daß alles, was sich ereignet, in Umwandlungen des

Stoffs und der Energie besteht, wobei aber ihre Menge immer dieselbe bleibt. Unser Prinzip sagt also eigentlich etwas Negatives aus, es hebt die beiden Dinge heraus, die bei allem Wandel unverändert bleiben, es sagt: die Stoffmenge und die Energiemenge ändern sich nicht. Das ist gewiß sehr wichtig, es ist das sichere Fundament, auf dem sich alles aufbaut, es ist der feste Halt, ohne den alles ins Wanken geriete; aber es ist nichts eigentlich Positives, es sagt nichts darüber aus, was denn nun eigentlich geschieht, was denn eigentlich sich verändert und wie es sich verändert. Nach dem Erhaltungsprinzip brauchte in der Welt niemals etwas zu geschehen; denn, wenn nichts geschieht, bleibt ja die Stoffmenge und die Energiemenge ganz gewiß erhalten. Wenn sich also Arbeit in Wärme oder Wärme in Licht umsetzt, so geschieht das nicht, um einmal so zu sprechen, auf Veranlassung des Erhaltungsprinzips, sondern nur mit seiner Genehmigung. Das Erhaltungsprinzip ist gewissermaßen die Ordnungsbehörde, die Staatsaufsicht, die darüber wacht, daß nichts gegen die Gesetze geschehe, die aber selbst nichts unternimmt; die Handel und Wandel ordnet, aber nicht selbst betreibt, sondern dies den Interessenten überläßt. Es ist daher durchaus notwendig, daß wir uns, ohne das Erhaltungsprinzip je aus dem Auge zu verlieren, danach umsehen, was denn nun eigentlich in der Welt geschieht, wann überhaupt etwas geschieht und wie es sich abspielt. Wenn es uns gelingt, hierfür ein allgemeines Prinzip zu finden, so wird dieses Prinzip dem Erhaltungsprinzip sich völlig ebenbürtig zur Seite stellen, es wird sogar in einer Hinsicht ihm überlegen sein; denn es wird nicht von negativem, sondern von positivem, nicht von einschränkendem, sondern von schöpferischem Charakter sein.

Das Zerstreuungsprinzip. Wir wollen uns bei dieser Betrachtung an eine bestimmte Energieart, die Wärme, halten, weil hier das Ziel am leichtesten zu erreichen ist. Es ist eine altbekannte und von den meisten vielleicht geradezu für selbstverständlich gehaltene Tatsache, daß die Wärme durch Leitung sich immer nur von Stellen höherer Temperatur nach Stellen niederer Temperatur hinbewegt, daß also die Wärmeleitung einen Ausgleich der Temperaturunterschiede bewerkstelligt. Wenn ein Kupferstab mit dem einen Ende in den Dampf kochenden Wassers, mit dem anderen in schmelzenden Schnee taucht, so fließt fortwährend ein Wärmestrom von jenem nach diesem Ende; und wenn man die Enden des Stabes herausnimmt, wird sich allmählich ein Ausgleich der Temperatur herstellen, der ganze Stab wird nach einiger Zeit eine zwischen 0° und 100° liegende Temperatur angenommen haben. Dasselbe gilt für die Mischung verschiedener warmer Stoffe; wenn man z. B. ein Pfund Wasser von 40° und ein Pfund Wasser von 60° zusammengießt, erhält man zwei Pfund Wasser von 50°. Der hervorragende Physiker Clausius hat nun den Satz aufgestellt, daß die Wärme, welcher Art auch der Prozeß sei, ob Leitung oder Mischung oder ein maschineller Prozeß oder irgendein anderer, sich von selbst stets nur von Stellen höherer zu Stellen niederer Temperatur bewegt; der Ausdruck „von selbst" ist dabei der Kürze halber gewählt, er bedeutet, wissenschaftlich umschrieben, daß der betreffende Prozeß sich aus eigenen Kräften des Systems, kraft seiner eigenen inneren Energie abspielt, ohne Hinzuziehung fremder, äußerer Arbeit.

So einleuchtend, ja in dem einfachsten Falle der Wärmeleitung fast selbstverständlich dieser Satz erscheint, er umschließt doch eine Erkenntnis von ganz prinzipieller Bedeutung. Er enthüllt nämlich eine Einseitigkeit im Leben der Natur, er zeigt, daß von zwei Denkmöglichkeiten die eine in der Natur wirklich eintritt, die andere nicht. Aus Wasser von 40° und Wasser von 60° entsteht freiwillig Wasser von 50°, aber niemals entsteht aus Wasser von 50° freiwillig Wasser von 40° und Wasser von 60°. Man kann dieses einseitige Verhalten sehr anschaulich ausdrücken, indem man sagt: diese Naturprozesse sind nur in der einen der beiden Richtungen möglich, in der anderen unmöglich, diese Prozesse sind nicht umkehrbar; bildlich dargestellt: der Zustand 1 eines Systems geht wohl freiwillig in den Zustand 2 über, aber der Zustand 2 geht nicht freiwillig in den Zustand 1 über. Die beiden Zustände 1 und 2 sind also wesentlich verschiedenen Charakters: der Zustand 1 ist nicht beständig, er trägt die Tendenz der Veränderung in sich, der Zustand 2 ist dagegen ein Gleichgewichtszustand, er bleibt bestehen, bis er gewaltsam geändert wird. Was ist das Charakteristische eines Gleichgewichtszustandes der Wärme? Zur Beantwortung dieser Frage wollen wir das Beispiel der Mischung benutzen, aber ein etwas drastischeres Zahlenbeispiel wählen. Wir wollen 1 Liter heißes Wasser, sagen wir von 90° C, in eine 79 Liter enthaltende Wanne kalten Wassers von der Temperatur 10° C schütten, so daß wir am Schlusse, nach vollzogenem Ausgleich, nach erreichtem Gleichgewichtszustande, 80 Liter Wasser von 11° C haben; denn die 79 Kalorien, die das heiße Wasser durch Abkühlung von 90° auf 10° verliert, finden sich in den 79 Liter Wassers, deren jeder gerade um 1° erwärmt ist, alsdann genau wieder. Die Energiemenge hat sich also nicht geändert, aber sie ist jetzt ganz anders verteilt, sie war vorher wesentlich innerhalb eines einzigen Liters konzentriert, jetzt ist sie über die ganze Wassermasse zerstreut. Man kann einen Mischungsvorgang also als einen Energie-Zerstreuungsprozeß betrachten und kommt zu dem Schlusse: Wärmegleichgewicht ist dann erreicht, wenn die Wärmeenergie soweit als möglich zerstreut ist. Ist sie das noch nicht, so tritt ein Prozeß auf, durch welchen die Wärme zerstreut wird; dagegen tritt niemals von selbst ein Prozeß auf, durch den die Wärme stärker konzentriert wird.

Umkehrbare Prozesse, Carnotsche Maschine. Um dieses Resultat in festere Form zu bringen, müssen und wollen wir uns an Prozesse halten, die umkehrbar sind, die also ebensogut in der einen wie in der anderen Richtung sich abspielen können. In Wirklichkeit gibt es solche Prozesse nicht, weil bei jedem Vorgange in der Natur und Technik sich als ungebetene Gäste Reibung, Wärmeleitung und andere Begleiterscheinungen einstellen, die selbst nicht umkehrbar sind, und die daher den ganzen Prozeß zu einem nichtumkehrbaren machen. Das gilt auch von den Prozessen, die durch Maschinen, z. B. durch die Dampfmaschine, bewerkstelligt werden. Wir müssen uns, wenn auch nur in Gedanken, eine Maschine konstruieren, die streng umkehrbar funktioniert. Eine solche Maschine hat schon vor 100 Jahren der große französische Ingenieur und Physiker Carnot ersonnen, sie arbeitet nicht mit Wasserdampf, sondern mit einem wirklichen Gas (ohne Kondensation) und wir wollen sie deshalb „ideale Gasmaschine" nennen.

In einem Gefäß, das oben durch einen reibungslos beweglichen und mit einigen Gewichten beschwerten Stempel, im übrigen aber durch feste Wände begrenzt ist, befindet sich ein Gas, z. B. Luft, von dem wir annehmen wollen, daß es ebenfalls weder im Innern noch an der Wandung Reibungserscheinungen zeigt und daß es genau dem Boyleschen und dem Gay-Lussacschen Gesetze (S. 83) gehorcht; durch Erleichterung oder Beschwerung des Stempels können wir das Gas unter kleineren oder größeren Druck setzen. Dieses Gas wollen wir nun hintereinander vier Prozessen unterwerfen, und zwar wollen wir diese Prozesse so langsam wie möglich ausführen, damit nicht störende Begleiterscheinungen auftreten. Erstens wollen wir das Gas sich ausdehnen lassen, aber dafür sorgen, daß die Abkühlung, die es dabei wegen der Arbeitsleistung erfahren würde, sofort, ehe sie noch eintreten kann, ausgeglichen wird; das können wir, indem wir das ganze Gefäß in einen großen Behälter eintauchen, der ebenso warm ist wie das Gas, und den wir den „Kessel“ nennen wollen; von ihm wird das Gas so viel Wärme aufnehmen, daß seine Temperatur T trotz der Ausdehnung nicht sinkt. Diesen und alle folgenden Vorgänge wollen wir graphisch aufzeichnen, indem wir als Horizontalachse die Temperatur, als Vertikalachse das Volumen des Gases auftragen; der erste Prozeß ist alsdann, weil die Temperatur gleichbleibt, das Volumen aber wächst, durch eine senkrecht aufsteigende Linie ab (Fig. 61) versinnbildlicht; einen solchen Prozeß nennt man (vgl. S. 84) einen isothermischen. Zweitens wollen wir das Gas sich noch weiter ausdehnen lassen, jetzt aber dafür sorgen, daß es von außen keine Wärme erhält; wir können das erreichen, indem wir die aus dem Kessel herausgenommene Maschine mit einem für Wärme undurchdringlichen Mantel, etwa aus Asche, Watte u. dgl., umgeben; einen Prozeß dieser Art, bei dem das System von der Umgebung wärmedicht abgeschlossen ist, nennt man einen „adiabatischen“ Prozeß; da das Gas sich ausdehnt, also Arbeit leistet, diese Arbeit aber irgendwoher genommen werden muß, wird das Gas Wärmeinhalt verlieren, sich also abkühlen; man erhält also eine nach oben (wegen der Ausdehnung) und nach links (wegen der Abkühlung) verlaufende Kurve bc. Drittens wollen wir die Maschine in ein kühles Reservoir tauchen, das wir den „Kühler“ nennen wollen, ihm also auf diese Weise Wärme entziehen, so daß es sich zusammenzieht, der Stempel also herabsinkt; dabei wird sich die Temperatur t, da der Kühler sehr groß sein soll (z. B. sehr viel Wasser enthalten soll), nicht ändern; der Prozeß ist also wie der erste ein isothermischer und wird versinnbildlicht durch eine senkrecht absteigende gerade Linie cd. Endlich wollen wir viertens die Maschine wieder in einen Wattemantel einpacken und den Stempel durch einige Gewichtsstücke belasten, so daß sich das Gas noch weiter zusammenzieht und infolge der von dem Stempel geleisteten Arbeit sich erwärmt; dieser Prozeß soll so

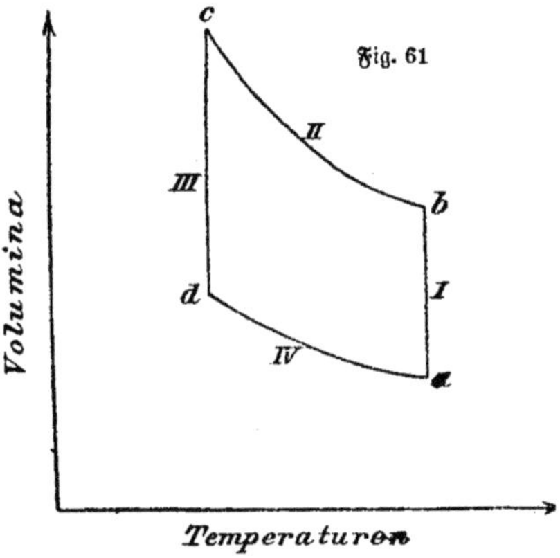

Fig. 61

eingerichtet werden, daß man schließlich auf dem Wege *IV* zu dem ursprünglichen Zustande des Gases *a* zurückkehrt. Das Ganze ist dann ein geschlossener Prozeß, ein Kreisprozeß, und zwar in unserem Falle offenbar ein umkehrbarer; denn die ganze Kette von Prozessen läßt sich genau ebensogut in umgekehrter Richtung durchführen.

Wirkungsgrad. Was ist nun mit unserem Kreisprozeß geleistet? Es ist erstens eine gewisse Wärmemenge *W* aus dem Kessel entnommen und eine gewisse Wärmemenge *w* an den Kühler abgeliefert worden, wobei wir annehmen wollen, daß letztere kleiner als erstere sei; die Differenz muß doch irgendwo geblieben sein, sie ist offenbar in Arbeit *A* verwandelt worden, und zwar (vgl. S. 103) in die durch die Fläche *abcda* dargestellte. Anders ausgedrückt: die Kesselwärme *W* ist teilweise in Arbeit *A* umgewandelt, teilweise als „laue" Wärme *w* dem Kühler zugeführt worden.

Ganz ebenso verhält es sich bei wirklichen Maschinen, z. B. bei der Dampfmaschine: durch die Kesselwärme wird Arbeit geleistet, nämlich das Schwungrad in Drehung versetzt; aber ein Teil der Kesselwärme wird an den Kondensator abgegeben, geht also für die Arbeitsleistung, die doch der Zweck der Dampfmaschine ist, verloren. Die Arbeit *A* nennt man, pro Zeiteinheit, den Nutzeffekt der Maschine, der also kleiner ist als der ganze aufgewandte (*W*). Den Bruchteil A/W nennt man den Wirkungsgrad, den Rest w/W den Zerstreuungsgrad der Maschine; beide zusammen sind gemäß dem Erhaltungsprinzip ($W = w + A$) gleich 1, oder wie man in der Praxis gewöhnlich sagt, gleich 100 Prozent, so daß also, wenn z. B. der Wirkungsgrad einer Maschine 70 Prozent beträgt, ihr Zerstreuungsgrad 30 Prozent ausmacht. Da die Arbeit für den Menschen wertvoll, die laue Wärme aber wertlos ist, kann man den betrachteten Prozeß durch die beistehende Figur (Fig. 62) symbolisch darstellen, welche zeigt, daß die Kesselwärme gespalten wird, daß ein Teil von ihr zur Arbeit verwendet, gehoben, der Rest zu lauer Wärme verdorben wird.

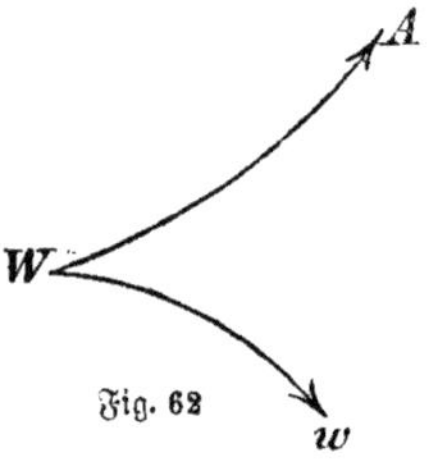

Fig. 62

Es ist nun von Carnot, Lord Kelvin, Kirchhoff u. a. nach und nach ein überaus wichtiger und merkwürdiger Satz bewiesen worden, der folgendes besagt: Der Wirkungsgrad und der Zerstreuungsgrad einer unter Wärmeaufnahme umkehrbar wirkenden Maschine hängt gar nicht von ihrer Einrichtung und sonstigen Einflüssen, sondern lediglich von den Temperaturen des Kessels und des Kühlers ab, und zwar verhält sich die an den Kühler abgeführte Wärmemenge zu der ganzen aus dem Kessel herausgeholten wie die absolute (vom absoluten Nullpunkt, vgl. S. 84, aus gerechnete) Temperatur des Kühlers zu der des Kessels:

$$w : W = t : T.$$

Ist aber der Prozeß, wie das bei allen wirklichen Maschinen der Fall ist, nicht umkehrbar, so wird an den Kühler mehr Wärme als nach obiger Proportion abgeführt, dann ist also der Zerstreuungsgrad noch größer, der Wirkungsgrad noch kleiner.

Dieses wissenschaftliche Ergebnis macht es erklärlich, warum die Dampfmaschine einen so schlechten Nutzeffekt, einen so geringen Wirkungsgrad hat. Denn die Kesseltemperatur ist, da es sich um siedendes Wasser handelt, unter gewöhnlichen Umständen gleich 100° C und kann selbst durch höhere Spannung nicht gut weiter getrieben werden als bis auf 200° C, wobei die Dampfspannung bereits 15 Atmosphären beträgt; der Kühler anderseits muß aus ersichtlichen Gründen über 0° C gehalten werden, er wird mindestens, wie wir annehmen wollen, 10° C haben. Durch Hinzufügen von 273° erhalten wir als absolute Temperatur für den Kessel 473, für den Kühler 283, als ihr Verhältnis also 283 : 473, d. h. 60 Prozent. So groß wäre also, wenn die Maschine umkehrbar arbeitete, der Zerstreuungsgrad, der Wirkungsgrad also nur 40 Prozent; da sie es wegen Reibung, Wärmeleitung, Kondensation usw. nicht tut, wird letzterer noch wesentlich kleiner sein, tatsächlich beträgt er kaum je über 25 Prozent, alles übrige geht nutzlos verloren.

Vergeudung der Energie. Die Wärmemaschinen zeigen, wie von der in der Technik verwendeten Wärmeenergie ein gut Teil vergeudet, nämlich als nutzlose Wärme abgeführt wird. Eine solche Vergeudung findet aber auch da statt, wo die benutzte Energie gar nicht die Form von Wärme, sondern irgendeine andere Form hat: immer stellt sich als ungebetener Gast die Wärme ein und verkümmert den Erfolg. Zwei Beispiele aus der Technik werden dies drastisch erläutern. Bei den modernen elektrischen Maschinen wird weiches Eisen fortwährend hin und her magnetisiert; den ersten Teil eines solchen Kreisprozesses haben wir schon kennen gelernt (Fig. 59); fügt man aber die Rückkurve hinzu, so findet man, daß bei gleicher magnetisierender Kraft (Fig. 63) der Magnetismus auf dem Rückwege größer ist als auf dem Hinwege, daß also die Rückkurve überall höher liegt als die Hinkurve; die beiden Kurven schließen also eine Fläche ein, und diese Fläche stellt die vergeudete Arbeit dar, eine Energie, die freilich nicht verloren gegangen ist, sondern als Erhitzung des Eisens auftritt, die aber für den Zweck des Prozesses nicht nur nutzlos, sondern geradezu schädlich ist. Und daß bei der Beleuchtung nur ein kleiner Teil der aufgewandten Energie Licht, der größere aber Wärme gibt, ist allbekannt; am schlimmsten ist das bei Gaslicht, besser bei Gasglühlicht, am besten — relativ — bei elektrischem Bogenlicht oder Metallfadenlampen.

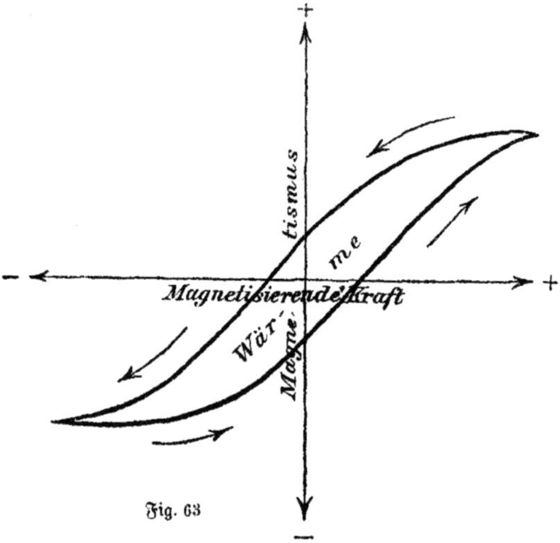

Fig. 63

Die Entropie. Kehren wir nach diesem Abstecher zu der obigen Proportion zurück und schreiben wir sie, da die Vertauschung der mittleren Glieder bekanntlich erlaubt ist, in der Form:

$$\frac{w}{t} = \frac{W}{T}.$$

Diese Formel wollen wir jetzt etwas anders auffassen, wir wollen sie in Beziehung bringen zu dem Prozeß, der sich (mit Hilfe der Gasmaschine) zwischen den beiden Behältern, Kessel und Kühler, abgespielt hat; für sie ist dieser Prozeß kein Kreisprozeß, sondern ein offener, da sich doch beide verändert haben. Unsere Formel aber besagt, daß die Wärmemenge, die der Kühler erhalten hat, im Verhältnis zu seiner Temperatur gerade so groß ist wie die Wärmemenge, die der Kessel eingebüßt hat, gemessen im Verhältnis zu dessen Temperatur. Eine in dieser eigentümlichen Art gemessene Wärmemenge, d. h. Wärmemenge dividiert durch die absolute Temperatur, bei der sie einem Körper entzogen oder zugeführt wurde, nennt man die **Entropie**, und der ganze Entropieinhalt eines Körpers ist hiernach die Summe aller ihm jemals zugeführten (abzüglich der entzogenen) Wärmemengen, jede von ihnen (vor dem Addieren) durch die damals herrschende Temperatur dividiert. Von dieser Entropie erfahren wir nun aus den obigen Betrachtungen, daß sie im idealen Falle, nämlich bei umkehrbaren Prozessen, konstant bleibt (wie die Energie), daß sie aber bei allen wirklichen Prozessen, im Gegensatz zur Energie, stets wächst. Das gilt, wie sich zeigen läßt, nicht bloß bei technischen Prozessen, wie wir sie bisher betrachtet haben, sondern auch bei Naturprozessen; die Entropie in der Welt wird immer größer, teils weil immer mehr ungebetene Wärme sich einstellt, also der Zähler des Bruches w/t größer wird, teils weil die Temperaturen sich immer mehr ausgleichen, also der Nenner jenes Bruches immer kleiner wird.

Entropie heißt „nach innen gekehrt", und es soll damit gesagt sein, daß es sich hier um Energie handelt, die nicht mehr nach außen nutzbar ist, weil sie „lau", weil sie „zerstreut", weil sie „ausgeglichen" ist. Im Ozean ist eine nach Billionen Kilowattstunden messende Wärmeenergie enthalten, aber sie ist zerstreut und ausgeglichen, und sie ist daher unfähig, auch nur ein Schiff herüberzutragen.

Nennen wir die Entropie S, so haben wir die Formel

$$S = \frac{W}{T}, \quad \text{oder umgekehrt} \quad W = S \cdot T;$$

diese Formel (deren nähere Prüfung der strengen Wissenschaft angehört) läßt erkennen, daß die Wärme ein Produkt von zwei Faktoren ist: Entropie und Temperatur. Daran können wir uns halten, um unsere Betrachtungen nunmehr zu verallgemeinern und von der Wärmeenergie, für die allein wir doch bisher eine Entropie kennen gelernt haben, zur Entropie im allgemeinen überzugehen. Schreibt man nämlich die Energie in der Form

$$E = Q \cdot J,$$

also ebenfalls als das Produkt zweier Faktoren, so kann man diese so wählen, daß der eine stets wächst, der andere stets abnimmt, und zwar so, daß E selbst, gemäß dem Erhaltungsprinzip, konstant bleibt. Den ersten Faktor nennt man den Quantitätsfaktor, den anderen den Intensitätsfaktor. Die **Entropie ist hiernach der Quantitätsfaktor der Wärmeenergie**, wir können ihren Begriff aber erweitern und sie zum **Quantitätsfaktor der Energie überhaupt** machen.

Die beiden Hauptsätze. Ektropismus. Relativitätstheorie. Wir haben nun das gewünschte zweite Prinzip gefunden. Wir haben gesehen, daß, während die Energie im Universum konstant bleibt, die Entropie fortwährend wächst. Wir haben dem Energieprinzip das Entropieprinzip oder, wie wir auch sagen können, dem Erhaltungsprinzip das Vermehrungsprinzip zur Seite gestellt. Man kann jenes als den ersten, dieses als den zweiten Hauptsatz der Naturlehre bezeichnen. Jener sagt aus, daß sich eine bestimmte Größe, die Energie, nicht ändert; dieser sagt aus, daß sich eine andere bestimmte Größe, die Entropie, ändert, und das in einem ganz bestimmten Sinne. Der erste Satz ist regulierenden Charakters, ist sozusagen Aufsichtsbehörde; der zweite Hauptsatz ist produktiven Charakters, er ist sozusagen Unternehmer. Es geschieht an einer bestimmten Stelle des Kosmos nichts, wenn dort die Entropie schon so groß ist, wie sie unter den gegebenen Umständen sein kann; und wenn sie noch wachsen kann, geschieht eben das, wodurch sie wächst. Durch künstliche Eingriffe kann diese Tendenz wohl hier und da, hin und wieder zurückgedrängt werden; aber nur, um an anderen Stellen oder im weiteren Verlaufe des Weltgeschehens um so stärker hervorzutreten.

Da die Energie sich nicht ändert, die Entropie sich dagegen ändert, kann man sagen, daß der erste Hauptsatz negativen, der zweite aber positiven Charakters sei. Positiven Charakters freilich nur insofern, als er die fortwährende Änderung der Entropie konstatiert, und zwar in dem Sinne, daß die Entropie immer größer wird. Erwägt man nun aber, daß die Entropie die Unfähigkeit der Energie, Wirkungen auszuüben, bedeutet, so sieht man ein, daß auch dieses zweite Prinzip in Wahrheit durchaus keine positive Tendenz enthält; es sagt etwas Positives aus, aber von einer Größe, die selbst ihrem Wesen nach negativen Charakters ist. Die geschichtliche Entwicklung hat es mit sich gebracht, daß man zunächst gerade die Entropie d. h. die Wirkungsunfähigkeit der Energie, eingeführt hat. Vom sachlichen Standpunkte aus verdient zweifellos eine andere Ausdrucksweise, die an den entgegengesetzten Begriff anknüpft, den Vorzug, nämlich die, wonach die Wirkungsfähigkeit der Energie fortwährend abnimmt. Für diese Wirkungsfähigkeit der Energie bietet sich nun zwanglos ein ganz entsprechendes griechisches Wort dar: die E k t r o p i e. Man kann somit den zweiten Hauptsatz in die weit anschaulichere Form kleiden: **Die Ektropie der Welt wird fortwährend verbraucht, nimmt mehr und mehr ab und droht auf Null herabzusinken.**

Und während sich diese Tendenz vollzieht, wird die Energie immer mehr entwertet. Sie bleibt, wohlverstanden, der Menge nach unverändert; aber sie wird ausgeglichen und zerstreut. Ihre höheren Formen, wie Kohle, Niveauspannung und Bewegung, nehmen ab; ihre niederen Formen, insonderheit die laue Wärme, nehmen zu; innerhalb jeder Form finden fortwährend Ausgleiche statt, Niveauausgleiche durch Bergstürze und fließende Wässer, elektrische Ausgleiche durch Gewitter, Temperaturausgleiche durch Strahlung und Leitung. Und am Ende — so wird man schließen — kommt der allgemeine Ausgleich, die allgemeine Starrheit, der allgemeine Tod; ein Tod mit den Qualen des Tantalus, denn überall ist Energie vorhanden und doch ist nicht das Geringste mehr mir ihr anzufangen. Alle Temperaturen sind ausgeglichen („Wärmetod"), alle Niveauunterschiede sind verschwunden („Schweretod"), alle Stoffe sind zu Wasserstoff zerfallen („Wasserstofftod") usw.

Diese düstere Perspektive wird indessen durch verschiedene Betrachtungen aufgehellt, von denen wenigstens einige am Schlusse unserer Betrachtungen angedeutet werden mögen. Zunächst ist zu bedenken, daß, je weiter der Ausgleich fortschreitet, sein Umsichgreifen von selbst desto mehr gemäßigt wird, da doch eben die Stärke der Gegensätze das Tempo des Ausgleichs bedingt:

„— — — — erst groß und mächtig,
Nun aber geht es weise, geht bedächtig" —

Sodann aber ist zwar der Gesamtprozeß vom Ausgleichcharakter; im einzelnen jedoch stehen den Ausgleichs-, Zerstreuungs-, Entwertungs-Prozessen vielfach andere gegenüber, die man umgekehrt als Differenzierungs-, Konzentrations-, Wertsteigerungs-Prozesse bezeichnen kann. Jene Prozesse sind normalen Typs, sie spielen sich „freiwillig", d. h. aus der eignen Energie der betreffenden Systeme heraus ab; diese sind anomalen Typs, sie sind „erzwungen", d. h. sie nehmen fremde Energie in Anspruch. Derartige wertsteigernde Prozesse finden sich nun schon in der anorganischen Natur in Hülle und Fülle, und in gewissen Fällen, so bei dem Kreislauf der Gewässer und bei der Bildung der Kristalle, nehmen sie hervorragende Bedeutung an. Dazu kommt, daß der Entropiesatz nicht, wie der Energiesatz, vom Charakter einer absoluten, sondern nur von dem einer „statistischen" Wahrheit ist; d. h. seine Giltigkeit ist immer und überall höchst wahrscheinlich, aber es kann doch hin und wieder das Unwahrscheinliche eintreten, und dieses ist seiner Natur nach ektropisch. Es kann sich durch komplizierte Vorgänge ein Wärme- oder Elektrizitätszentrum herausbilden, es kann sich unter tausend und abertausend Fällen von Zerfall der Materie auch einmal eine neue Synthese von Materie ereignen, es kann sich ein hochwertiges „Überuran" bilden und zum Ausgangspunkt neuer Prozesse werden. Das weitaus großartigste Beispiel aber bieten die Erscheinungen des Lebens dar; und man geht aller Wahrscheinlichkeit nicht fehl, wenn man das Leben geradezu als eine Organisation ansieht, die sich die Natur im Kampfe gegen die Entwertung der Energie geschaffen hat. Das Universum im ganzen steht unter dem Zeichen des Ablaufs, das Leben aber unter dem des Aufstiegs, der Entwickelung. Ihm liegen so überaus feine und komplizierte Elemente und Kombinationen zugrunde, daß hier das Unwahrscheinliche gar nicht so überaus selten eintreten wird. Ja, es sprechen genügend Gründe dafür, daß die lebendige Substanz imstande ist, selbst so minderwertige Energieformen wie die laue Wärme wieder der Ausnutzung zuzuführen. Man kann geradezu die Tendenz der lebendigen Substanz, im Gegensatz zur leblosen und entropischen, als spezifisch ektropisch bezeichnen; und es ergibt sich auf diesem Wege wohl zum ersten Male ein ganz allgemeines, von besonderen chemischen und biologischen Vorstellungen unabhängiges Charakteristikum des Lebens. In jedem Falle wird durch das Wirken der lebendigen Substanz in ihren verschiedenen Ausgestaltungen bis hinauf zum Menschen mit seinem technischen und idealen Geiste der Entwertungsprozeß im Kosmos in bemerkenswertem Maße aufgehalten; und es besteht keine prinzipielle Unmöglichkeit, daß das Ektropieprinzip einmal einen entscheidenden Sieg erringen werde. Jedoch würde die weitere Verfolgung dieser Ideen die Grenzen des hier gesteckten Gebietes überschreiten.

Auch in einer andern und letzten Richtung müssen wir uns im Rahmen dieses Buches mit Andeutungen begnügen. Schon in dem Kapitel über die Zeit ist jene Theorie erwähnt worden, die im Grunde seit Jahrhunderten existiert, aber gerade in unsern Tagen in einer neuen und erweiterten Form allgemeines Aufsehen erregt hat: die Relativitätstheorie. Sie sagt zunächst einmal folgendes aus: Ein Punkt im Raume hat keinen absoluten Ort; um seinen Ort anzugeben, muß man ihn vielmehr auf einen andern Raumpunkt, den Bezugspunkt oder Nullpunkt, beziehen; besser auf ein ganzes Bezugssystem, dessen drei Bestandteile man als die drei Koordinatenachsen bezeichnet, und in bezug auf das unser Punkt drei bestimmte Koordinaten x, y, z hat. In bezug auf einen andern Nullpunkt würde er andre Koordinaten haben. Kurz gesagt: Ort ist ein relativer Begriff. Dagegen ist eine Strecke, d. h. der Abstand zweier Punkte voneinander, zunächst von absolutem Charakter. Auf welchen Nullpunkt man die Orte von Berlin und Jena auch beziehen möge, die Strecke Berlin—Jena hat immer dieselbe Länge. Was von der Strecke gilt, gilt natürlich auch von der Geschwindigkeit; denn sie ist ja nichts anderes als die in der Sekunde zurückgelegte Strecke; Geschwindigkeit ist also zunächst ebenfalls ein absoluter Begriff. Aber nur so lange, als man den Bezugspunkt selbst als ruhend ansieht; sobald sich dieser letztere ebenfalls bewegt, nimmt die Geschwindigkeit sofort relativen Charakter an. Wenn ich im Korridor des D-Zuges vorwärts gehe und mich frage, mit welcher Geschwindigkeit ich das tue, so kann ich darauf keine einheitliche Antwort geben; denn es kommt darauf an, ob ich meinen jeweiligen Ort auf einen bestimmten Nullpunkt im Zuge oder auf einen bestimmten Punkt auf dem Bahngleis beziehe. Und zwar gilt hier ein einfacher und einleuchtender Satz: das Additionsprinzip. Es sagt aus, daß die Geschwindigkeit eines Punktes in einem an sich bewegten System gleich der relativen Geschwindigkeit des Punktes im System plus der Geschwindigkeit des Systems ist. Natürlich kann es sich auch um eine Subtraktion handeln; wenn ich in dem gedachten Korridor z. B. rückwärts gehe, komme ich gegenüber der Landschaft nur mit der Differenz der Zugs- und der Eigengeschwindigkeit vorwärts; und auf einer Strecke, wo der Zug sehr langsam fährt, kann die Subtraktion sogar Null ergeben, d. h. ich sehe beim Rückwärtsgehen in dem vorwärtsfahrenden Zuge dauernd dieselbe Telegraphenstange durch das Fenster.

Das Additionsprinzip gilt für alle mechanischen Geschwindigkeiten. Man konnte daher leicht ein Formelsystem aufstellen, das den Übergang von einem Bezugssystem zu einem andern, gegen das erste sich geradlinig und gleichförmig fortbewegende bewerkstelligt. Wenn die Bewegungsrichtung des zweiten Bezugssystems die x-Achse und seine Geschwindigkeit v ist, so hat man einfach $x' = x - vt$ zu setzen (t die Zeit), während alle anderen Größen unverändert bleiben, nämlich $y' = y$, $z' = z$, $t' = t$: Galilei-Transformation. Auch glaubte man sich berechtigt, das Prinzip nun auch auf andre Gebiete, z. B. auf die Bewegung der Lichtstrahlen zu übertragen; und das ließ sich auch, freilich mit mancherlei Schwierigkeiten, durchführen bis zu dem Augenblick, wo der Amerikaner Michelson ein Experiment anstellte, aus dessen Ergebnis unzweifelhaft folgte, daß das Licht sich nicht nach dem Additionsprinzip richtet, daß es sich vielmehr immer mit derselben Geschwindigkeit $c = 300000$ km pro Sekunde bewegt, gleichviel ob das System, in dem es sich bewegt, seinerseits ruht oder sich bewegt. Um diesen Widerspruch aufzuklären, machte zuerst der Holländer Lorentz eine Annahme, die aber entscheidende Mängel hatte; und erst Einstein gelang es 1905, allerdings auf einem sehr kühnen Wege, das Rätsel zu lösen, indem er die Galilei-Transformation durch eine neue ersetzte, die er als Lorentz-Transformation bezeichnete (v Geschw. d. Systems, c des Lichts):

$$x' = \frac{x - vt}{\sqrt{1-\left(\frac{v}{c}\right)^2}}, \quad y' = y, \quad z' = z, \quad t' = \frac{t - \frac{v}{c^2}x}{\sqrt{1-\left(\frac{v}{c}\right)^2}}.$$

Damit entsteht ein ganz neues Raum-Zeit-Begriffssystem, und zwar eines, das nicht bloß den Michelsonversuch, sondern auch alle übrigen einschlägigen Versuche gut erklärt. Übrigens macht sich diese neue Auffassung nur geltend in Fällen, wo das System selbst sich sehr rasch bewegt, also bei astronomischen Vorgängen einerseits und bei den raschen Bewegungen der kleinsten Teilchen der Materie, der Jonen und Elektronen andrerseits. Alle gewöhnlichen irdischen Vorgänge bleiben davon gänzlich unberührt, weil hier die Abweichungen zwischen der alten und der neuen Formulierung des Relativitätsprinzips unter jeder feststellbaren Grenze bleiben.

Zehn Jahre später erweiterte dann Einstein seine Theorie zur allgemeinen Relativitätstheorie, bei der auch ungleichförmige und krummlinige Bewegungen in Betracht gezogen werden. Diese neue Theorie leistet nicht nur die Vereinheitlichung von Raum und Zeit, sondern auch die von Materie und Energie; und, was am wichtigsten nach außen ist: sie läßt sich auf die verschiedenste Weise an den Tatsachen prüfen, sowohl im Makrokosmos wie im Mikrokosmos; namentlich im letzteren, also in der Atommechanik, hat sie sich glänzend bewährt; aber auch im großen Universum hat sie einige merkwürdige Erscheinungen teils erklärt, wie die Perihelbewegung der Merkurbahn, teils sogar vorausgesagt, wie die Rotverschiebung und die Ablenkung der Lichtstrahlen beim Vorbeigange an der Sonne.

Eine in neuester Zeit durchgeführte Wiederholung des Michelsonversuchs hat das frühere Ergebnis zwar im Flachlande bestätigt, auf einem hohen Berge aber einen „Ätherwind", d. h. einen Einfluß der Erdbewegung auf die Lichtausbreitung ergeben. Es bleibt abzuwarten, wie sich diese Tatsache in Zukunft auswirken wird.

Aber auch in dieser Richtung können wir uns hier nicht weiter ausbreiten, sondern müssen unsere Betrachtungen abschließen.

Von Hofrat Prof. Dr. F. Auerbach erschien ferner:

PHYSIK IN GRAPHISCHER DARSTELLUNG

2., erweiterte Aufl. Mit 1557 Fig. auf 257 Tafeln mit erläuterndem Text In Ganzleinen geb. M. 14.

Die Neuauflage wurde durch 50 Tafeln ergänzt, mit denen insbesondere auch die zufolge der wissenschaftlichen Fortschritte heute im Vordergrund des Interesses stehenden Gebiete als: Wärme-, Licht- und Röntgenspektren, Atombau, Zeemaneffekt, Turbulenz, Strahlung, Magnetismus, Relativitätstheorie u. a. berücksichtigt wurden. Das Werk bringt so die wichtigsten und interessantesten Erscheinungen aller Art, Gesetze und Formeln, Funktionen und Zahlenwerte aus dem Gesamtgebiete der Physik und ihrer Nachbarwissenschaften nach dem heutigen Stand in Kurven, Kurvenscharen, Flächen usw. zur Darstellung. In Ergänzung der Figuren sind noch textliche Erläuterungen und zahlreiche Literaturangaben für die weitere Orientierung beigegeben.

DIE GRAPHISCHE DARSTELLUNG

2. Aufl. Mit 139 Fig. im Text. (ANuG Bd. 437.) Geb. M. 2.—

Das reichhaltige und allgemein verständlich geschriebene Buch zeigt die ausgedehnte Anwendbarkeit der graphischen Methode, die keineswegs nur auf Mathematik und Naturwissenschaften beschränkt ist, sondern überall da einsetzen kann, wo die quantitativen Beziehungen der Erscheinungen zu erfassen sind.

AKUSTIK erschienen im Band: Physik der „Kultur der Gegenwart". Näheres s. nachstehend

PHYSIK

Unter Mitarbeit hervorragender Fachgelehrter herausgegeben von Hofrat Prof. Dr. E. Lecher, Wien

2. Aufl. Mit 116 Abb. im Text. (Die Kultur der Gegenwart. Hrsg. von Prof. **P. Hinneberg.** Teil III, Abt. III, 1.) Geh. M. 34.—, geb. M. 36.—, in Halbleder geb. M. 40.—

„Dieses Buch ist wie ein Symbol des ernsten Schaffens unserer Zeit. Letzte Reife der Form umschließt einen Inhalt, der Leben ist und Tat, Weite, Tiefe und Bewegung. Wie ein Kosmos ist hier das Gebäude der modernen Physik gefügt, fertig und ruhend in sich, aber doch in die Zukunft weisend und irgendwie verbunden der ganzen geistigen Struktur der Gegenwart. Man begreift die Physik nicht als ein starres System, sondern als einen lebenden Organismus. Denn dieses Werk gibt nicht nur die abstrakten, geistigen Formen, in ihm sprechen zu uns die Führer und Meister der modernen Physik, ein jeder auf dem Gebiete, dem seine besondere Arbeit gilt. So ist der letzte Sinn dieses Buches schöpferische Tat, getragen von der Kraft schöpferischer Persönlichkeit." **(Unterrichtsblätter für Mathematik u. Naturwissenschaften.)**

VERLAG B. G. TEUBNER / LEIPZIG UND BERLIN

M

N

GPSR Compliance

The European Union's (EU) General Product Safety Regulation (GPSR) is a set of rules that requires consumer products to be safe and our obligations to ensure this.

If you have any concerns about our products, you can contact us on ProductSafety@springernature.com

In case Publisher is established outside the EU, the EU authorized representative is:

Springer Nature Customer Service Center GmbH
Europaplatz 3
69115 Heidelberg, Germany

Batch number: 10577915

Printed by Printforce, the Netherlands